Gerda Pighin/Dr. med. Eberhard Wormer

Rat und Hilfe bei Allergien

Ursachen erkennen und Beschwerden vorbeugen. Allergien gegen Pollen, Hausstaub, Tiere und Nahrungsmittel erfolgreich behandeln

Südwest

Inhalt

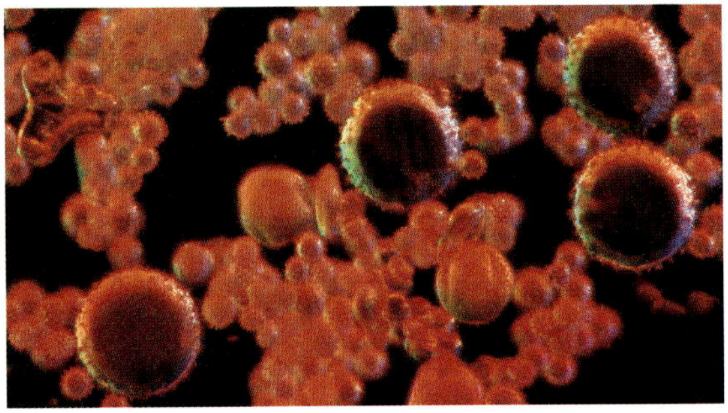

Blütenpollen können das Immunsystem stark reizen.

Mit regelmäßiger Bewegung und viel Sport stärken Sie ihr Immunsystem.

Eine alternative Heilmethode bei Allergien: die Ohrakupunktur.

Immer mehr Kinder leiden bereits in den ersten Lebensjahren unter Allergien.

Auf der Haut des Patienten lassen sich viele Allergene identifizieren.

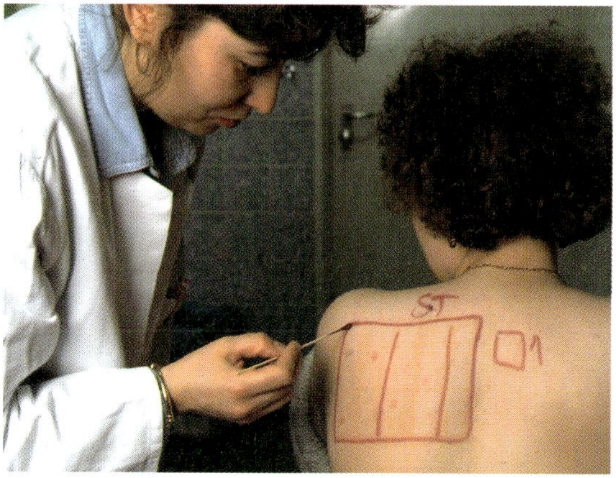

Vorwort

Ich bin allergisch. Wer diesen Satz (glücklicherweise) nicht von sich selbst zu sagen braucht, kennt mit Sicherheit jemanden, auf den er zutrifft. Allergien gehören zu den am weitesten verbreiteten Krankheiten überhaupt. Sie sind seit Jahrtausenden bekannt. Also, könnte man denken, dürfte es kein Problem sein, sie schnell und wirksam zu behandeln. Doch leider ist dem nicht so.

Vielfältige Symptome

Ein Schnupfen kann von einer Allergie ausgelöst sein oder von einem Virus. Ein Hautausschlag mag Zeichen einer Infektion sein, aber auch einer allergischen Reaktion. Durchfall kann von verschmutzten Lebensmitteln verursacht werden oder Zeichen einer Allergie gegen bestimmte Nahrungsmittel oder Nahrungsmittelbestandteile sein.

Allergien bereiten nicht nur den davon Betroffenen, sondern auch der Medizin erhebliche Probleme. Sie sind schwer zu erkennen. Zum einen gibt es unterschiedliche Formen, bei denen jeweils andere Prozesse im Körper ablaufen und ganz verschiedenartige Reaktionen auftreten. Zum anderen zeigen Allergien kein eindeutiges Krankheitsbild. Sie können sich auf unterschiedlichste Weise in verschiedensten Körperregionen äußern, so etwa an der Haut, im Nasen-Rachen-Raum, in den Atemwegen, im Verdauungstrakt, an den Augen oder an inneren Organen. Darüber hinaus sind sie aufgrund der Symptome oft nicht von anderen Krankheiten zu unterscheiden.
Das zweite große Problem ist, daß Allergien nicht von außen verursacht werden, von Krankheitserregern, die uns umgeben, sondern daß der Körper selbst diese Krankheit produziert. Schuld ist das hochkomplexe Immunsystem, dessen Aufgabe es eigentlich ist, Krankheiten abzuwehren. Noch immer ist nicht restlos erforscht, wie das Immunsystem arbeitet, warum es (im Fall von Allergien) so fehlerhaft reagiert und was alles dazu führen kann, daß es dermaßen überreagiert. Das macht das Leiden so kompliziert und den Weg zu wirkungsvoller Hilfe für viele so weit.

Hilfe ist möglich

Dennoch müssen Allergiker heute nicht mehr resignieren. Es gibt Spezialisten, denen eine Reihe von ausgeklügelten Testverfahren zur Verfügung steht, um der Erkrankung auf die Spur zu kommen. Es gibt Medikamente, die die Symptome lindern und die Begleiterkrankungen wie etwa Hautausschläge oder Entzündungen heilen. Es gibt Verhaltensrichtlinien, Diätpläne, Vorbeugemaßnahmen, um trotz Allergie ein angenehmes Leben führen zu können. Aber das Wissen um all diese Möglichkeiten ist in der Bevölkerung noch nicht so weit verbreitet, wie es Allergien inzwischen sind.

Was Allergiker (und ihre Ärzte) daher unbedingt brauchen, sind möglichst umfassende Informationen über ihre Erkrankung und viel Geduld bei Diagnose und Therapie.

Verdacht auf eine Allergie ist immer dann gegeben, wenn bestimmte Symptome über längere Zeiträume wiederholt auftreten.

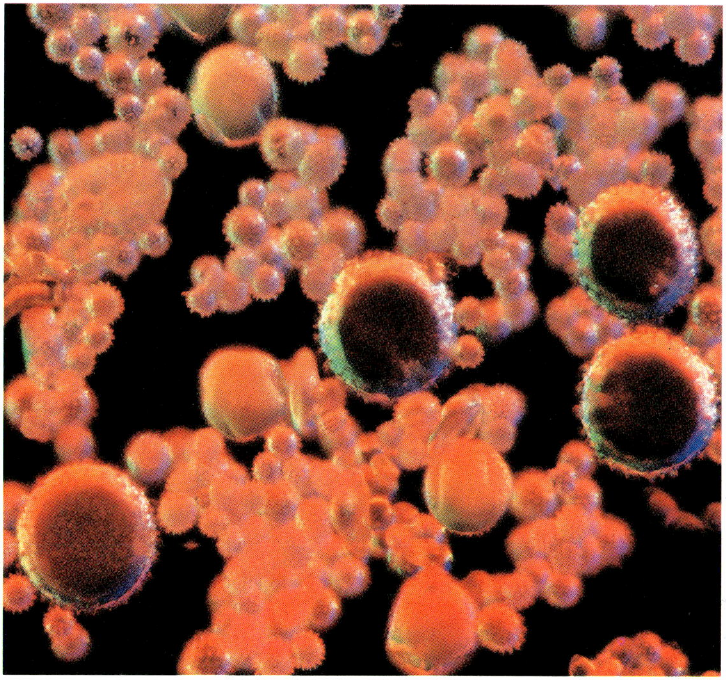

Heuschnupfen ist die mit am weitesten verbreitete Allergie. Bei dieser Erkrankung reagiert der Patient auf die Pollen von Bäumen, Blumen oder Gräsern. (Mikroaufnahme verschiedener Blütenpollen in 200facher Vergrößerung.)

Die sogenannten T-Lymphozyten sind wichtige Zellen unseres Immunsystems.

Wer allergisch reagiert, dessen Körper wehrt Eindringlinge ab. Beim Allergiker ist diese natürliche Schutzreaktion jedoch außer Kontrolle geraten und wendet sich gegen normalerweise ganz harmlose Substanzen.

Was passiert im Körper?

Rund 20 Millionen Bundesbürger leiden an Allergien. Die Tendenz ist immer noch steigend. Allergien können jederzeit, in jedem Lebensalter auftreten; die Symptome können so unterschiedlich sein, daß das Leiden häufig erst sehr spät erkannt oder richtig zugeordnet wird. Die Folge ist oft eine Odyssee von Arzt zu Arzt, von Therapie zu Therapie, ehe wirklich Hilfe gefunden wird.

Viele unbekannte Faktoren

Obwohl die Medizin seit beinahe 5000 Jahren Allergien kennt, sind ihre schnelle Diagnose und wirkungsvolle Behandlung bis heute schwierig. Denn längst sind noch nicht alle Zusammenhänge bekannt. Niemand weiß sicher, warum der Körper vieler Menschen so eigenartig reagiert. Was bei allergischen Reaktionen abläuft, ist dagegen mittlerweile ziemlich genau erforscht, und darauf zielen moderne Behandlungsverfahren ab.

Das gesunde Immunsystem

Um zu verstehen, was bei einer Allergie geschieht, muß man etwas über die Funktionen unseres Immunsystems wissen. Knochenmark, Milz, Leber, Thymusdrüse, Darm und Haut sind die Organe, in denen Immunzellen produziert werden und aktiv sind. Vererbt ist unser Gewebetyp, der sogenannte HLA-Typ. Die Abkürzung kommt aus dem Englischen und

bedeutet human leucozyte antigen. Das sind bestimmte, auf den Oberflächen der Gewebezellen vorkommende Stoffe, die für die Immunabwehr von Bedeutung und bei jedem Menschen etwas anders gestaltet sind.
Damit das Immunsystem funktionstüchtig wird, muß es sich entwickeln. Ein Neugeborenes hat zunächst noch keine ausreichenden eigenen Abwehrstoffe, sondern bekommt die seiner Mutter mit auf die Welt. Im Laufe des ersten Lebensjahres läßt dieser sogenannte Nestschutz nach, während sich gleichzeitig das eigene Immunsystem allmählich aufbaut – und zwar durch den Kontakt mit fremden Stoffen und Krankheitserregern. Bis zur Pubertät ist das System ausgereift, wobei es aber in der Lage bleibt, ein ganzes Leben lang dazuzulernen.
Bis der Mensch etwa 35 Jahre alt ist, bleibt das Immunsystem sehr stabil. Mit zunehmendem Alter unterliegt es, wie der gesamte Körper, einem Alterungsprozeß, bei dem Störungen auftreten können. Das erklärt, warum Allergien in diesem Lebensabschnitt häufiger in Erscheinung treten.

**Die Zellen des Immunsystems gehören der großen Gruppe der weißen Blutkörperchen an.
Je nach Aufgabe und Einsatzort werden sie unterschiedlichen Gruppen zugeordnet.**

Aufgaben der körperlichen Abwehr

Das Immunsystem ist dazu da, Fremdstoffe zu bekämpfen und Krankheitserreger abzuwehren und unschädlich zu machen. Es besteht aus einem Heer von verschiedenen Zellen, Botenstoffen und Substanzen, die bei Gefahr optimal zusammenarbeiten:

- Phagozyten und Makrophagen, die Freßzellen unter den weißen Blutkörperchen (Leukozyten), halten die Eindringlinge fest, nehmen sie in sich auf und zerlegen sie.
- T-Helfer-Zellen gehören zu den Lymphozyten, einer Untergruppe der weißen Blutkörperchen. Sie legen sich auf die Oberfläche der Makrophagen und sorgen dafür, daß weitere Abwehrzellen zur Bekämpfung der Krankheitserreger produziert werden.

An der Vielzahl der verschiedenen Zellen, die am Abwehrsystem beteiligt sind, kann man ablesen, wie schwierig und komplex Abwehraufgaben zu bewältigen sind.

- T-Killer-Zellen bringen Körperzellen zum Platzen, sobald Viren in diese eingedrungen sind und sich vermehren wollen. Schwimmen die Viren wieder frei, können sie wirksam durch Antikörper bekämpft werden.
- Gedächtniszellen sind sehr langlebig. Sie speichern die Informationen über die eingedrungenen Fremdstoffe, damit diese beim nächsten Mal rasch erkannt und noch schneller bekämpft werden können.
- B-Zellen werden durch Fremdstoffe und von T-Helfer-Zellen aktiviert. Sie produzieren in Milz und Lymphknoten die besten Waffen des Immunsystems, die Antikörper. Diese markieren die Eindringlinge, damit sie von den Freßzellen erkannt und zerstört werden können.
- T-Suppressor-Zellen stoppen die Reaktionen des Immunsystems, sobald die Gefahr gebannt ist. Die Abwehrzellen sind im ganzen Körper verteilt. Besonders dicht befinden sie sich an den strategisch wichtigen Stellen. Nämlich dort, wo Krankheitserreger oder Fremdstoffe am leichtesten eindringen können: in den Schleimhäuten der Atemwege und der Augen, im Magen-Darm-Trakt und unter der Haut.

In der Milz, im Blut, im Knochenmark, im Thymus, in der Leber und in den Lymphknoten befinden sich die Zentren der körpereigenen Immunabwehr.

Abwehrzellen bei der Arbeit

Sobald ein körperfremder Stoff einen Angriff startet, kommt das höchst komplizierte und komplexe Abwehrsystem in Gang und bildet Abwehrstoffe: die sogenannten Immunglobuline (abgekürzt Ig). Fünf Typen sind bis heute bekannt:

- Das IgA hält sich vor allem in den Schleimhäuten und im Darmtrakt auf und bekämpft Viren und Giftstoffe.
- Das IgE schützt Menschen vor Parasiten (z.B. vor Darmwürmern). Es sitzt hauptsächlich auf der Oberfläche der Mast-

Bei einer zu stark ausgeprägten Immunreaktion, z. B. bei einem allergischen Schnupfen, ist das Immunglobulin E maßgeblich daran beteiligt, daß die Nasenschleimhäute anschwellen, die Nase läuft, die Augen gerötet sind und tränen.

zellen. Diese haben ihren Platz überwiegend im Gewebe des Atmungs- und Verdauungstrakts, wo am leichtesten Parasiten eindringen können. Im Ernstfall werden aus der Mastzelle Botenstoffe (z.B. Histamin) freigesetzt, die eine stark entzündliche Reaktion im Körper auslösen und Freßzellen anlocken, damit diese sich die Eindringlinge einverleiben. Bei der Entstehung von Allergien spielt IgE eine große Rolle.

- IgG kreist im Blut und schützt den Körper vor vielen Infektionen (Langzeitschutz). Möglicherweise hat es mit allergischen Reaktionen zu tun, die Asthma auslösen.
- Das IgM befindet sich vorwiegend in den Blutgefäßen und kann Bakterien optimal bekämpfen.

Das Zusammenspiel all dieser Zellen, Botenstoffe, Abwehrstoffe und chemischen Reaktionen hält uns gesund bzw. es hilft uns, mit Krankheitserregern, Giften oder Schädlingen fertig zu werden. Deshalb werden schwere Erkrankungen besonders im Kindesalter häufig auch unter Zuhilfenahme von Immunglobulinen behandelt.

Der Körper speichert die Information darüber, welche Abwehrmechanismen benötigt wurden. Damit kann er gegen häufig auftretende Eindringlinge schneller vorgehen. Das bedeutet jedoch auch, daß allergische Symptome immer schwerwiegender werden können.

Das Immunsystem spielt verrückt

Der Begriff »Allergie« leitet sich vom Griechischen »allos« = anders und »ergon« = Reaktion ab. Denn das Immunsystem reagiert bei einer Allergie anders als normal. Was heißt das? Bildlich gesprochen schießt das Immunsystem beim allergischen Menschen mit Kanonen auf Spatzen. Denn es reagiert auf völlig harmlose, unschädliche Stoffe (wie etwa Pollen oder bestimmte Lebensmittel) so, als würden gefährliche Parasiten den Körper angreifen.

Ursachen und Entstehungsfaktoren

Die Allergie selbst wird nicht vererbt, wohl aber die Veranlagung zu überschießenden Reaktionen des Immunsystems. Aber auch ohne erbliche Vorbelastung können sich bei einem Menschen Allergien entwickeln.

Die Veranlagung zu dieser Reaktion wird häufig vererbt, kann aber auch durch eine plötzlich auftretende Störung im Immunsystem neu entstehen. Ob und wie die Krankheit ausbricht, hängt von verschiedenen Faktoren ab, die noch nicht alle restlos erforscht sind. Fest steht, daß der Körper – wie bei einer normalen Abwehrreaktion – auch für eine Allergie sensibilisiert werden muß. Das bedeutet, daß er mit dem allergieauslösenden Stoff (Allergen bzw. Antigen genannt) schon einmal in Berührung gekommen sein muß.
Es gibt Allergene, die bereits beim ersten Kontakt Überreaktionen des Immunsystems bewirken. Andere Stoffe hingegen lösen diese Reaktion erst nach mehrfachem Kontakt aus. Der Grund dafür, warum viele Menschen scheinbar plötzlich allergisch auf Stoffe werden, die sie davor viele Jahre gut vertragen haben, ist meist nicht zu ermitteln.

Wenn Abwehrreaktionen krank machen

Abwehrreaktionen auf harmlose oder sogar notwendige Stoffe (wie etwa Nahrungsmittel) schützen den Körper nicht, sondern machen ihn krank. Weil die Abwehrzellen in den Körperregionen konzentriert sind, die mit Fremdstoffen am ehesten in Berührung kommen, sind dort auch die allergischen Reaktionen am heftigsten: an den Schleimhäuten, den Atemwegen, im Magen-Darm-Trakt, an den Augen und der Haut.

Wie äußert sich eine Allergie?

Schnupfen, Husten (Asthma), Hautausschläge (Nesselsucht), Bindehautentzündung, Darmkatarrh (Durchfall) oder Halsschmerzen (Rachenentzündung) sind typische allergische Erkrankungen. Oft sind die Symptome allerdings die gleichen wie bei einer von Bakterien oder Viren ausgelösten Entzündung. Das erklärt auch, warum viele Menschen oft lange Zeit nicht wissen, daß ihre Beschwerden oder häufigen Erkrankungen Folge einer Allergie sind.
Treten kurze Zeit nach einem Allergenkontakt starke Symptome auf, kann es sehr rasch zu einem allergischen (anaphylaktischen) Schock kommen.

Symptome des allergischen Schocks

Frühzeichen

- Juckreiz an Nase, Zunge, Gaumen
- Hitzegefühl
- Gerötetes oder sehr blasses Gesicht
- schnell aufschießende Nesselsucht
- Husten, der sich zu Atemnot steigert
- Schweißausbruch
- Übelkeit, Beklemmung
- Ohrensausen, Schwindel
- Schwächegefühl
- Herzrasen

Als Schock

- Schwacher, hektischer Puls
- Blutdruckabfall bis zum lebensbedohlichen Herz-Kreislauf-Stillstand
- Atemnot bis zum Atemstillstand
- Erbrechen
- Durchfall
- Angst, die sich zur Todesangst steigert
- Bewußtseinsstörung, Ohnmacht bis zur tiefen Bewußtlosigkeit

Allergien dürfen nicht auf die leichte Schulter genommen werden. Es ist zwar selten, aber es kommt gelegentlich zu lebensbedrohlichen Situationen.

Spätestens eine Viertelstunde nach dem Kontakt mit einem Allergen entwickeln sich die Krankheitssymptome bei Allergien des Typs I. Meist werden sie von Pollen oder Tierhaaren ausgelöst. Typische Symptome sind Schnupfen, Hautausschläge oder allergisches Asthma.

Verschiedene Allergietypen

Nach den unterschiedlichen körperlichen Reaktionen werden heute vier verschiedene Allergietypen unterschieden.

Typ I – der Sofort-Typ

Allergien dieses Typs werden auch als Frühtyp oder als humorale, d.h. durch Körperflüssigkeiten vermittelte Allergie, bzw. als anaphylaktischer Typ bezeichnet.
Diese allergische Reaktion ist die häufigste und bekannteste. Sie tritt innerhalb von Sekunden oder Minuten ein und wird vom Immunglobulin E (IgE) und verschiedenen Entzündungsmediatoren (entzündungsauslösende Stoffe) ausgelöst. Verursacher sind meist körperfremde Stoffe, die beispielsweise in Arzneimitteln enthalten sind, in Insektengiften, aber auch in Gräser- und Blütenpollen oder in Hausstaub (selten in Nahrungsmitteln).

Eine Allergie baut sich auf

Wenn ein allergisch veranlagter Mensch (Atopiker) mit einem dieser Allergene in Berührung kommt (Sensibilisierung), produziert sein Körper zuerst in einer normalen Abwehrreaktion das Immunglobulin E, allerdings in übermäßig großer Menge. In diesem Stadium passiert noch nichts. Doch beim nächsten Kontakt mit diesem Stoff kommt die allergische Reaktion in Gang. Und bei jeder weiteren Berührung mit dem Allergen kann sie schlimmer und heftiger ausfallen.
Das IgE hat sich auf der Oberfläche der Mastzellen angesammelt, die besonders reichlich in der Schleimhaut der Atemwege und der Augen vorkommen. Wird nun die Schleimhaut von einem Allergen (etwa Pollen) zum wiederholten Mal berührt, sorgt das IgE in einer »Antigen-Antikörper-Reaktion« dafür, daß die Mastzellen platzen und Ent-

Symptome der Allergie vom Typ I

- Allergischer Schnupfen
- Bronchialasthma
- Entzündliche Rötung der Haut
- Nesselfieber (Urtikaria)
- Bindehautentzündung
- Haut- und Schleimhautschwellungen (Quincke-Ödem oder Angioödem), die sich auch auf Zunge, Rachen oder Stimmbänder ausdehnen und zu lebensbedrohlicher Atemnot führen können
- Anaphylaktischer Schock, der oft mit Herzrasen sowie einer Verkrampfung der Bronchien (Bronchospasmus) einhergeht. Durch die vermehrte Ausschüttung von gefäßwirksamen Stoffen wie Histamin kommt es dabei u.a. zu einer Erweiterung der Blutgefäße in der Haut, zum Blutdruckabfall und dadurch zu einem gefährlichen Sauerstoffmangel. Die Folgen können Leber- und Nierenversagen und schließlich ein völliger Zusammenbruch des Kreislaufsystems mit Herzstillstand sein.

zündungsmediatoren (z.B. Histamin) freigesetzt werden. Diese sorgen dann für die typischen Symptome und Beschwerden, die unter Umständen sehr gefährlich werden können.

Typ II Allergien kommen viel seltener vor als Allergien des Typs I. Häufigster Auslöser sind Medikamente.

Typ II – der zytotoxische Typ

Allergien vom zytotoxischen Typ schädigen die Zellen. In diesem Fall tritt die Reaktion erst nach Stunden oder Tagen auf. Bei diesem Allergietyp bilden Antikörper (meist IgG oder IgM) mit den Antigenen auf den Zellmembranen neue Verbindungen. Diese wiederum aktivieren bestimmte Proteine (Komplemente), die die Antikörperwirkung verstärken können, oder sie bringen Killerzellen im Körper auf Trab, die dann körpereigene Zellen zerstören. Auslöser für die Typ-II-Allergie sind häufig Medikamente.

Die Krankheitserscheinungen, die von dieser allergischen Reaktion ausgelöst werden, sind beträchtlich: Rote Blutkörperchen (Erythrozyten) werden abgebaut – es kommt zur allergisch bedingten Blutarmut (sogenannte hämolytische Anämie). Auch weiße Blutkörperchen oder Blutplättchen, die für die Blutgerinnung wichtig sind, können zerstört werden.

Typ III – der Arthus-Typ

Da Allergien des Typs III charakteristisch für bestimmte Berufsgruppen sind, bleibt den Betroffenen oft nichts anderes übrig, als sich umschulen zu lassen. Nur so besteht die Chance, die allergieauslösenden Allergene konsequent zu vermeiden.

Dieser Allergietyp wurde nach dem Schweizer Arzt Nicolas Arthus benannt.
In seinem Fall reagiert der sensibilisierte Mensch etwa erst vier bis zehn Stunden, nachdem er mit dem Allergen in Berührung gekommen ist. Zirkulierende Immunkomplexe (Antikörper-Antigen-Verbindungen) lagern sich im Gewebe ab, aktivieren Komplemente (Eiweißstoffe, die die Immunreaktion verstärken) und lösen schwere Entzündungen aus. Vermittler ist das Immunglobulin G (IgG).
Hauptsächliche Erkrankungen sind Entzündungen von Blutgefäßen, meist der kleinen Venen und Arterien (Vaskulitis), und die Entzündung der Lungenbläschen (Alveolitis), die sich als Husten oder Atemnot mit Schüttelfrost und Fieber äußern kann. Auslöser sind häufig Schimmelpilze, Sporen, Staub oder bestimmte tierische oder pflanzliche Eiweißstoffe.
Dieser Allergietyp tritt daher besonders oft bei bestimmten Berufsgruppen auf, wie beispielsweise Vogelzüchtern, Farmern oder Käsern.

Typ IV – der Spättyp

Diese Allergien nennt man auch verzögerter Typ oder zellvermittelte Allergie.
Die Reaktion tritt 24 bis 48 Stunden nach Kontakt mit dem Allergen auf, manchmal auch erst nach ein oder zwei Wochen. Im Gegensatz zu den drei vorhergehenden Allergie-

typen, vermitteln in diesem Fall nicht die Immunglobuline die Reaktionen, sondern bestimmte Zellen – die T-Lymphozyten. Das sind Immunzellen, die in Knochenmark, Lymphknoten, Thymus und Milz gebildet werden, über die Lymphbahnen in das Blut gelangen und dort zirkulieren.

- Bei der allergischen Reaktion vom Typ IV setzen die sensibilisierten T-Lymphozyten Substanzen frei, die andere Zellen aktivieren und in der Folge Entzündungen auslösen. So treten z.B. Hautentzündungen nach Kontakt mit Metallen (vor allem Nickel), Farben oder Medikamenten auf. In diesen Fällen spricht man von einer Kontaktallergie.
- Ähnliches geschieht bei einer Auseinandersetzung des Organismus mit Tuberkelbakterien – den Erregern der Tuberkulose – oder Bestandteilen davon (etwa bei einem Tuberkulintest), mit Pilzen oder Wurminfektionen (Infektionsallergie). Falls solche Allergene in die Lunge gelangen, können sich sogar die Lungenbläschen entzünden.

Die lange Zeit, die zwischen dem Kontakt mit dem Allergen und dem Auftreten von Krankheitssymptomen vergeht, macht es oft schwierig herauszufinden, welcher Stoff die Allergie ausgelöst hat.

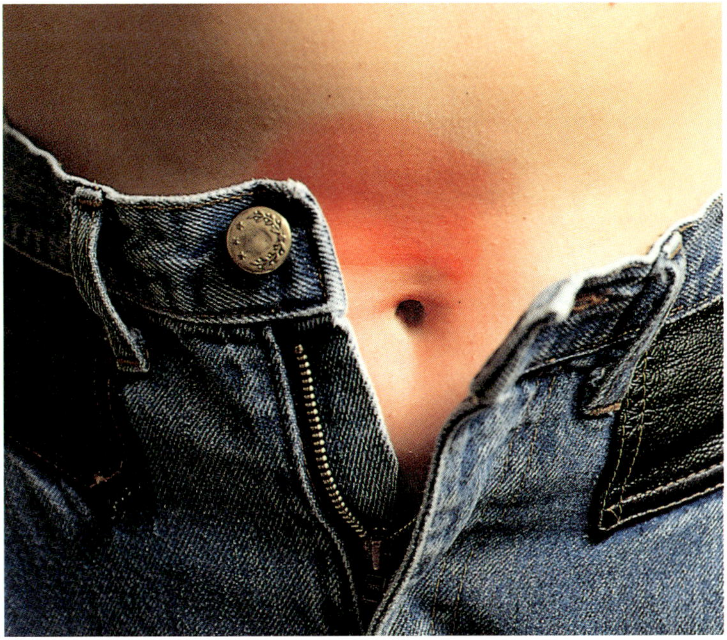

Tritt nach dem Tragen eines Kleidungsstücks mit einem Verschluß aus Metall, der direkt mit der Haut Kontakt hatte, eine starke, juckende Rötung an der Berührungsstelle auf, handelt es sich vermutlich um eine allergische Reaktion. Beispielsweise ist das in Hosenknöpfen häufig vorkommende Nickel als Allergieauslöser bekannt.

Nicht nur an der Haut, auch im Blut kann man Allergien nachweisen.

Praktisch hinter jedem Krankheitszeichen, z.B. Schnupfen, Räuspern, Bauchweh, Durchfall, Migräne, kann sich eine allergische Erkrankung verstecken.

Eine schwierige Diagnose

Obwohl heute viel über Allergien geredet und geschrieben wird, gibt es immer noch sehr viele Betroffene, die sich mit ihren Beschwerden und Erkrankungen herumplagen ohne zu wissen, daß sie an einer Allergie leiden. Das hat einleuchtende Gründe: So sind allergische Reaktionen nur schwer von infektiösen oder bakteriellen Erkrankungen zu unterscheiden. Wer denkt schon bei Husten, Schnupfen, Durchfall, Kopf- oder Bauchschmerzen zuerst an eine Allergie?

Aufwendige Untersuchungsverfahren

Außerdem gibt es keinen einfachen Test, mit dem jeder Arzt eine Allergie schnell und unkompliziert feststellen könnte. Vielmehr sind teilweise sehr aufwendige und komplexe Untersuchungsverfahren notwendig, um eine Allergie sicher zu diagnostizieren. Schließlich ist »Allergie« ein Sammelbegriff für eine Vielzahl unterschiedlicher Reaktionen im Körper und unterschiedlicher Krankheits- und Beschwerdebilder. Das bedeutet aber, daß auch der Arzt besonders ausgebildet und erfahren sein muß, um dem Patienten wirklich helfen zu können.

Eine Vielzahl von Allergenen

Zudem gibt es über die bekannten Pollen oder die Hausstaubmilbe hinaus so viele Stoffe, die eine allergische Reaktion auslösen können, daß aus diesem Grund schon keine einfache Diagnose möglich ist.

Wann man hellhörig werden sollte

Trotz aller Schwierigkeiten kann jeder Mensch für sich selbst etwas tun. Es gibt eine ganze Reihe von Indizien, die auf eine Allergie hindeuten und die man selbst erkennen kann. Kommt man mit solchen konkreten Hinweisen zum Arzt, kann die Diagnose gezielter angegangen werden.

Hilfestellung für den Arzt

Gibt es in der Familie Allergiker? Das ist eine wichtige Frage, denn die Bereitschaft, an einer Allergie zu erkranken, kann vererbt sein. Sind beide Eltern allergiekrank, liegt das Risiko für ihre Kinder bei 60 Prozent. Hat nur ein Elternteil eine allergische Erkrankung, liegt es immer noch bei 30 Prozent. Auch Großeltern können die Veranlagung zur Allergie an ihre Enkel weitervererben.
Bestimmte Krankheiten oder Beschwerden quälen Patienten immer wieder. Besonders allergieverdächtig sind folgende:

- Häufig wiederkehrende Bindehautentzündungen
- Wiederholte Niesanfälle, nach denen die Nase läuft
- Schnupfen, der vor allem im Frühjahr und Sommer auftritt und oft lange anhält
- Husten und Bronchitis zu bestimmten Jahreszeiten, ohne Fieber oder andere Infektionszeichen
- Regelmäßig wiederkehrende Anfälle von Kurzatmigkeit
- Erbrechen, Übelkeit oder Bauchschmerzen nach dem Genuß ganz bestimmter Speisen
- Magenbeschwerden, die immer wieder auftreten, auch wenn man nur Leichtkost gegessen hat
- Anfallartiger Durchfall, der immer mal wieder auftritt
- Magen- und Darmbeschwerden oder Kreislaufstörungen direkt nach dem Essen
- Anfallartig auftretender, immer wiederkehrender Juckreiz kleinerer oder größerer Hautpartien

Unverzichtbar ist das Gespräch zwischen Patient und Arzt. Erst die Summe der Informationen und Befunde führt letztlich zu einer treffenden Diagnose.

- Hautausschlag, nachdem man etwas bestimmtes angefaßt, gegessen oder eingenommen hat
- Schwellungen im Gesicht (Augenlider), an den Gelenken oder im Rachen, die von selbst wieder verschwinden
- Häufige Kopfschmerzen und ständige Müdigkeit

Natürlich gibt es für all diese Beschwerden eine Vielzahl von möglichen Ursachen. Doch wer davon betroffen ist, sollte darauf achten, in welchem Zusammenhang sie auftreten.

Sich selbst und seine Umwelt beobachten

Bei allergischen Erkrankungen kommen oft auch Erwachsene mit sehr unklaren Beschwerden zum Arzt. Ein wichtiger Anhaltspunkt für eine Diagnose könnte sein, was sich alles in der Umgebung des Patienten verändert hat.

Das läßt sich z.B. mit einem Tagebuch feststellen, in das man über Wochen oder Monate genau einträgt, was man gegessen oder getrunken hat, wo man sich aufgehalten hat, wie der Tag abgelaufen ist, womit man hantiert hat, welche Medikamente genommen wurden, welche Wasch-, Schmink- und Toilettenartikel man benutzt hat, wie das Wetter war – und natürlich wann, wie und in welcher Intensität welche Beschwerden aufgetreten sind.
Interessant sind in diesem Zusammenhang auch alle Umstände, die mit der Wohn- und Arbeitsumgebung zuammenhängen: Wie ist die Wohnung eingerichtet (Stoffe, Lacke, Farben, Material), welche Pflanzen sind vorhanden, was wächst auf dem Balkon, im Garten? Gibt es rundum Wiesen oder Felder? Womit arbeite ich, was atme ich am Arbeitsplatz ein (Dämpfe, Staub)? Welche Materialien fasse ich an?
Menschen, die in klimatisierten und mit Schadstoffen verseuchten Gebäuden arbeiten, sind besonders gefährdet, allergiekrank zu werden. Dafür hat sich sogar ein eigener Fachbegriff etabliert: Sick-Building-Syndrom.
Ausgelöst wird dieses Krankheitsbild beispielsweise durch die trockene Luft einer Klimaanlage. In dieser Luft sind vermehrt Sporen von Pilzen, andere Krankheitskeime und Giftstoffe, z.B. aus Farben oder Tapeten, zu finden.

Typische Symptome des Sick-Building-Syndroms

- Mißempfindungen (Brennen, Jucken, Tränen) an den Augen
- Hautreizungen
- Neurologische (die Nerven betreffende) Symptome
- Unspezifische allergische Symptome, vor allem Husten, Hautausschläge, Müdigkeit, Kopfschmerzen
- Geruchs- und Geschmacksstörungen

Wie der Arzt testet

Es gibt heute eine ganze Reihe unterschiedlicher Testverfahren, um einer Allergie auf die Spur zu kommen. Sie werden je nach Verdachtsmomenten eingesetzt. Allerdings macht jeder Test nur nach einer gründlichen Anamnese (Krankheitsgeschichte, Befragung nach oben genannten Beobachtungen) und einer allgemeinen körperlichen Untersuchung Sinn.
Grundsätzlich wird zwischen Suchtest und Provokationstest unterschieden. Unter dem Begriff »Suchtest« sind die Methoden einzureihen, bei denen in Körperflüssigkeiten (meist im Blut) nach Hinweisen auf eine Allergie gefahndet wird. Das geschieht im Labor. Provokationstests sind jene, bei denen mit einem natürlichen oder verdünnten Allergen gereizt (provoziert) wird, um zu testen, ob eine allergische Reaktion auftritt. Ein sicheres Ergebnis liefern aber vielfach nur beide Verfahren gemeinsam.

Aus der reichhaltigen Fülle der Testverfahren muß der Arzt die richtigen auswählen. Eine exakt erhobene Vorgeschichte des Patienten hilft bei der Eingrenzung.

Hauttestverfahren

Bei diesen Tests werden bekannte allergene Substanzen auf oder in die Haut eingebracht. Liegt eine Sensibilisierung oder Allergie vor, reagiert die Haut an der entsprechenden Stelle mit Rötungen, Schwellungen oder Bläschenbildung.

Ist die Testperson nicht allergisch, passiert nichts. Da Hauttests falsche Ergebnisse bringen können – sowohl falsch positive als auch falsch negative – reichen sie oft als alleiniges Testverfahren nicht aus.
Ein weiteres Problem: Bei hochsensibilisierten Menschen kann der Hauttest zu einer schweren allergischen Reaktion führen bis hin zum Schock. Deshalb ist es wichtig, daß die Testung ausschließlich von einem dafür spezialisierten Arzt (siehe »Welcher Arzt ist zuständig« auf Seite 56) durchgeführt wird, der auch Erfahrung in der Notfallbehandlung hat.

Prick-Test

Hauttests sind zuverlässige Verfahren, die es ermöglichen, bei den meisten Patienten die Allergene genau zu bestimmen. Allerdings eignen sie sich nicht so gut bei Verdacht auf eine Nahrungsmittelallergie.

Bei diesem Verfahren handelt es sich um eine international standardisierte Untersuchungsmethode, um Allergien vom Typ I (Soforttyp) herauszufinden.
Die Haut wird hierbei vom Arzt markiert, meist an der Innenseite des Unterarms oder am Rücken. Auf die angezeichnete Stelle wird dann ein Tropfen der Testsubstanz aufgebracht und mit einer Spezialnadel etwa einen Millimeter tief in die Haut gestochen, so daß die Substanz eindringen kann. Haben sich nach 20 bis 30 Minuten Quaddeln gebildet oder ist eine Rötung aufgetreten, kann man davon ausgehen, daß gegen die getestete Substanz Antikörper vorhanden sind, also eine Allergie besteht. Oft wird die Haut auch noch nach 6 und nach 24 Stunden betrachtet, um Allergien vom verzögerten Typ zu erkennen.

Da der Körper gegen jeden einzelnen Stoff ganz spezifische Antikörper bildet, kann der Test nur Auskunft darüber geben, ob eine Allergie gegen die getestete Substanz vorliegt.
Es gibt auch Testlösungen, die mehrere Allergene enthalten (z.B. verschiedene Gräserpollen), doch gibt diese Testung nur ein grobes Ergebnis, das unter Umständen in einem langwierigen Verfahren einzeln überprüft werden muß. Am

besten ist es, wenn man beim Hauttest bereits vorher ungefähr weiß, wonach man sucht. So liegt etwa bei Heuschnupfen der Verdacht auf eine Pollenallergie recht nahe.

Scratchtest

Dabei wird die Hautoberfläche angeritzt und der Allergenextrakt als Tropfen oder Pulver in die kleine Verletzung eingebracht. Die Reaktion ist dieselbe wie beim Pricktest: Quaddeln, Pusteln oder Rötungen. Der Scratchtest ist schmerzhafter als der Pricktest, zeigt auch häufiger falsch positive Reaktionen, was vermutlich mit der Verletzung der Haut zusammenhängt.

Reibtest

Dies ist ein unkomplizierter Test, der vor allem bei Verdacht auf eine hochgradige Allergie angewendet werden kann (bei schwächerer Ausprägung bringt er meist kein Ergebnis). Die Haut wird an der Innenseite des Unterarms mit verdächtigen natürlichen Allergenen eingerieben, z.B. mit Tierhaaren, Milch, Fisch oder Staub. Schon nach zwei bis drei Minuten sind häufig die ersten Rötungen oder Pickelchen zu sehen. Nach 20 Minuten können Quaddeln auftreten. Wenn tatsächlich eine schwere Allergie vorliegt, kann auch dieser Test zu einer sehr heftigen Reaktion bis zum Schock führen, weshalb man ihn auf keinen Fall selbst machen darf.

Intrakutantest

Dieser Test wird nur angewandt, wenn die anderen Hauttests negativ ausgefallen sind, aber trotzdem der Verdacht auf eine bestimmte Allergie besteht. Hier wird eine verdünnte Allergenlösung in die Haut (intrakutan) eingespritzt. Auch dabei sind aber falsche Ergebnisse, positiv wie negativ, möglich.

In sehr seltenen Fällen kann es bei empfindlichen und hoch allergischen Patienten schon allein durch die winzige Menge Testsubstanz, die in den Körper gebracht wird, zu einem lebensbedrohlichen Schock kommen. Deshalb ist es empfehlenswert, nach einem Hauttest noch etwa eine halbe Stunde in der Praxis zu bleiben, damit der Arzt gegebenenfalls sofort eingreifen kann.

Epikutantest

Bei diesem Test werden verdächtige Allergene mittels eines Pflasters auf die Haut (epikutan) geklebt, in der Regel am Rücken. Auf diese Weise können sogenannte Kontaktallergien (z.B. gegen Metalle) vom Spättyp herausgefunden werden. Das Pflaster bleibt ein bis zwei Tage kleben. Haben sich danach Rötungen, Schwellungen, Knötchen oder Bläschen gebildet, kann von einer Allergie ausgegangen werden. Problematisch ist bei diesem Testverfahren, daß manche Menschen bereits auf das Pflaster oder dessen Klebstoff allergisch reagieren, was das Testergebnis verfälschen kann.

Hauttests sind nach einem ausführlichen Gespräch fast immer der erste Schritt in der weiteren Allergiediagnostik.

Fotoepikutantest

Mit dieser Sonderform des Epikutantests lassen sich fotoallergische, also in Zusammenhang mit Lichteinwirkung stehende Reaktionen herausfinden.

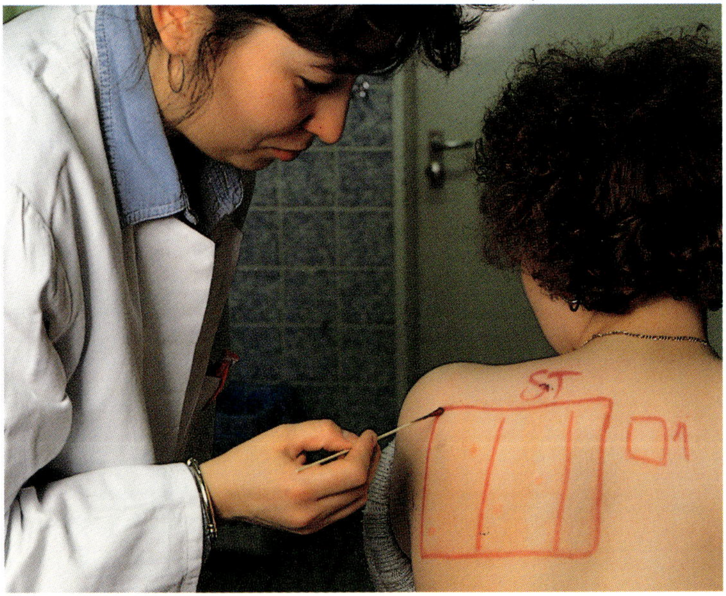

Bei einem Epikutantest werden verschiedene Allergene mit einem Pflaster auf der Haut des Patienten fixiert. Nach einer gewissen Zeitspanne kann der Arzt an Größe und Form der eventuell entstandenen Rötungen feststellen, auf welche Stoffe der Patient allergisch reagiert.

Häufige Allergene sind etwa Medikamente gegen Pilze (Antimykotika), Duftstoffe oder Lichtschutzmittel.
Beim Fotoepikutantest wird ein Hautareal, auf dem Testsubstanzen aufgebracht wurden, mit UV-Licht bestrahlt, während ein zweites Areal mit den gleichen Testsubstanzen lichtundurchlässig abgedeckt wird. Sind nur auf dem bestrahlten Areal Reaktionen zu erkennen, kann von einer Fotoallergie ausgegangen werden.

Bluttestverfahren

Aus dem Blut eines Menschen lassen sich Schlüsse über eine mögliche Allergie ziehen. Vorteil: Die Tests sind für den Patienten wenig belastend. Der Arzt nimmt lediglich Blut ab, der Rest wird im Labor untersucht. Bei Bluttests geht es vor allem um das Immunglobulin E (IgE). Sein Anteil im Blut ist bei Allergikern oft deutlich erhöht – auch dann, wenn sie (noch) nicht an einer Allergie leiden.
Die einfachste Testmethode bestimmt den IgE-Anteil im Blut und stellt fest, ob ein Mensch überhaupt zu Allergien neigt. Umfassendere Bluttests können darüber hinaus allergenspezifische IgE-Werte herausfiltern und damit Aufschluß über konkrete Allergien geben. Sie sind sinnvoll:

- Wenn Hauttests Sensibilisierungen auf verschiedene Allergene angezeigt haben
- Wenn andere Tests die Allergie nicht sicher ergeben haben
- Wenn andere Tests nicht möglich waren, weil der Patient mit Medikamenten behandelt wird, die die Ergebnisse verfälschen (Antihistaminika, Kortison)
- Wenn andere Tests nicht durchgeführt werden können, weil beispielsweise eine Hautkrankheit wie ein Ekzem oder eine Neurodermitis vorliegt
- Wenn keine Provokationstests möglich sind (z. B. weil der Patient zu heftig reagieren würde).

Besonders aussagekräftig sind Bluttests bei Allergien des Typs I. Sie werden jedoch auch in der Diagnostik von Typ-III- oder Typ-IV-Allergien eingesezt.

RAST (Radio-Allergo-Sorbent-Test)

Mit diesem Test kann sowohl die gesamte IgE-Konzentration im Blut festgestellt werden, wie auch spezifische IgE-Antikörper gegen bestimmte Allergene. Dafür gibt es mehrere Hundert verschiedene Testsubstanzen. Je nach Reaktion des Blutes wird das Ergebnis in fünf RAST-Klassen eingeteilt – von 0 bis 4. Bei einer hohen RAST-Klasse (3 oder 4) kann mit hoher Wahrscheinlichkeit davon ausgegangen werden, daß gegen das getestete Allergen eine Überempfindlichkeit vorliegt. Die Werte 1 und 2 gelten als verdächtig. 0 heißt, daß keine Antikörper gefunden wurden, vermutlich auch keine Allergie vorliegt. Letzte Sicherheit gibt jedoch auch ein negatives Ergebnis bei diesem Test nicht.

Der RAST-Test ist sehr aussagekräftig, aber leider auch sehr aufwendig. Deshalb eignet er sich nicht als Routineverfahren.

Weitere Testverfahren

Es gibt noch weitere Labortests, um Antikörper vom Immunglobulin E aufzuspüren. Sie arbeiten meist in ähnlicher Weise und heißen z.B. PRIST (Paper-Radio-Immuno-Sorbent-Test), RIST (Radio-Immuno-Sorbent-Test), EAST (Enzym-Allergo-Sorbent-Test), EIA (Enzym-Immuno-Assay), ELISA (Enzyme-Linked-Immuno-Sorbent-Assay).
Der Nachteil dieser Tests ist, daß sie relativ teuer sind und in Speziallabors durchgeführt werden müssen .
Heute ist es auch möglich, IgG-Antikörper zu messen. Dieses Immunglobulin kommt im Blut des Menschen am häufigsten vor. Es wird in vier Klassen unterteilt (IgG1 bis IgG4) und spielt vor allem in der Immunkomplexbildung bei der verzögerten allergischen Reaktion vom Typ III ein wesentliche Rolle. Die IgG-Antikörper-Messung kann beispielsweise eine Wespen- oder Bienengiftallergie nachweisen. Neuerdings wird sie auch zum Nachweis von Lebensmittelallergien eingesetzt, da bei diesen Allergien meist keine spezifischen IgE-Antikörper vorliegen.

Provokationstestverfahren

Die Provokationstests können für den Patienten recht unangenehm sein. Sie werden dann durchgeführt, wenn alle anderen Untersuchungsmethoden keinen sicheren Beweis für die Allergie erbracht haben.
Dabei wird eine Allergenlösung direkt mit dem betroffenen Organ – also Bronchien, Nase, Augen oder Verdauungssystem – in Verbindung gebracht. Das kann zu sehr heftigen Reaktionen (Asthmaanfall, Durchfall, Hautausschlag etc.) bis hin zum schweren allergischen Schock führen.
Sicherheitshalber führt man Provokationstest nur dann durch, wenn der Patient gerade nicht unter allergischen Beschwerden leidet.

WICHTIG
Provokationstestverfahren können leicht zu einem lebensgefährlichen allergischen Schock führen.
Sie dürfen deshab nur unter strenger ärztlicher Kontrolle durchgeführt werden.

Konjunktivaltest

Bei einem Konjunktivaltest wird eine wäßrige Lösung des verdächtigten Allergens in die Augen geträufelt. Dabei beginnt man meist mit einer möglichst geringen Dosis. Erfolgt keine Reaktion, wird alle zehn Minuten mit einer stärker konzentrierten Allergenlösung nachgetropft. Reagiert die Bindehaut (Konjunktiva) mit starker Rötung, Jucken oder Brennen, gilt die Allergie als bewiesen.

Nasaler Provokationstest

Ähnlich wie beim Augentest wird hier die Allergenlösung in die Nase gepustet oder muß vom Patienten geschnupft werden. Leichtere Reaktionen, wie etwa die Veränderung der Luftdurchlässigkeit oder der Temperatur der Nasenschleimhaut, können mit Apparaten (z. B. dem Rhinomanometer) gemessen werden. Häufig ist dies aber gar nicht nötig, weil der Patient sofort anfängt zu niesen oder weil ihm die Nase läuft, die Augen tränen oder weil er hustet.

Oraler Provokationstest

Dabei geht es um verdächtige Medikamente oder Nahrungsmittel, die als Testsubstanzen eingenommen werden müssen. Es treten entweder sofort Reaktionen auf – wie beispielsweise Hautausschläge, Durchfall, Erbrechen, Asthma – oder erst nach Stunden oder Tagen, falls es sich um einen Spättyp der Allergie handelt. Die Sicherheit dieses Tests liegt nur etwa bei 50 Prozent.

Inhalativer Provokationstest

Bei dieser Art des Provokationstests müssen verdächtige Allergene inhaliert werden, um so die Bronchien zu reizen. Diese Testung wird heute nur noch durchgeführt, wenn eine Diagnose anders nicht möglich ist.
Die bei diesem Test mögliche Provokation eines Asthmaanfalles mit den daraus resultierenden Problemen wie beispielsweise Schädigung des Bronchialgewebes, Husten über längere Zeit, Verengung der Atemwege soll dem Patienten nach Möglichkeit erspart bleiben.

Verzichten Sie darauf, Substanzen, von denen Sie vermuten, daß sie bei Ihnen allergieauslösend wirken, selbst auszutesten. Auch hierbei kann es zu einem gefährlichen allergischen Schock kommen.

Körperliche Belastungstests

Sie geben keinen direkten Aufschluß über bestimmte Allergien, sondern lediglich darüber, ob das Bronchialsystem überempfindlich oder in seiner Funktion gestört ist. Beim Belastungstest muß der Patient entweder auf einem Laufband laufen, radfahren, rudern oder Kniebeugen machen. Dabei wird beobachtet, wann er kurzatmig wird. Daraufhin mißt man die Lungenfunktion.
Das ist besonders bei Menschen wichtig, die auf Allergene mit Husten oder Asthma reagieren. Allerdings sind diese Tests nur bedingt aussagefähig, weil es auch darauf ankommt, wie sportlich und trainiert der jweilige Patient ist.

Lungenfunktionsprüfung

Es gibt verschiedene Untersuchungsmethoden, um die Funktion der Lungen zu überprüfen. Untersucht wird dabei, wie gut oder schlecht die Lunge belüftet wird, welchen Einfluß Medikamente auf die Atmungsfunktionen haben und ob womöglich eine Überblähung oder sonstige Störung der Lunge vorliegen.
Dazu wird die Luftmenge gemessen, die der Patient bei maximaler Ausatmung herausbringt (der sogenannte Peak-Flow) sowie der Strömungswiderstand der Luft in der Lunge.
Seinen individuellen Peak-Flow sowie dessen Veränderungen kann ein Patient heute regelmäßig selbst mit einem Gerät, dem Peak-Flow-Meter, zu Hause messen. Sie erhalten Peak-Flow-Meter in der Apotheke oder in einem medizinischen Fachgeschäft. Für exakte Überprüfungen der Lungenfunktion sind allerdings Besuche beim Arzt notwendig.

Einfache Peak-Flow-Meter erleichtern es Patienten mit allergischem Asthma, auch zu Hause die tatsächliche Einschränkung der Atemfunktion festzustellen, ihre Lungenfunktion zu trainieren und ihre Medikamente exakter zu dosieren.

Fluß-Volumen-Spirometrie

Hier wird mit verschiedenen Geräten der Luftfluß beim Ein- und Ausatmen gemessen und aufgezeichnet. Gleichzeitig können der Strömungswiderstand der Luft in der Lunge und andere Lungenfunktionen exakter gemessen werden als mit dem oben erläuterten Peak-Flow-Meter.

Body-Plethysmographie

Die in der Fachsprache Body-Plethysmographie genannte Untersuchung ist eine weitere Methode zur genaueren Bestimmung der Lungenfunktionen. Der Patient sitzt dabei in einer geschlossenen Kammer und pustet auf Kommando kräftig und schnell in ein mit Meßgeräten verbundenes Mundstück. Dabei werden Luftstrom, Atemwiderstand und atemabhängige Luftdruckschwankungen in der Kammer gemessen.

Tests auf Nahrungsmittelallergien

Bei Nahrungsmittelallergien stehen natürlich auch alle bisher beschriebenen Tests zur Verfügung. Allerdings ist gerade in diesem Bereich die richtige Diagnose besonders schwierig, da etwa 20 000 Allergene in Betracht kommen. Außerdem nimmt der Patient mit einem Nahrungsmittel häufig ein Stoffgemisch auf, von dem meist mehrere Einzelstoffe als verdächtig eingestuft werden müssen.

Suchdiäten bei Nahrungsmittelallergien gestalten sich deshalb häufig so aufwendig, weil die meisten der Nahrungszubereitungen, die wir kaufen können, Stoffe enthalten, die man nicht in ihnen vermuten würde.

Eliminations-, Additions- und Provokationsdiät

Um Nahrungsmittel-Allergene ausfindig zu machen, sind häufig sehr aufwendige und langanhaltende Spezialdiäten notwendig. Vor allem sollte der Patient zu Beginn einer Provokationsdiät, bei der das vermutete Allergen nach und nach zugeführt wird, symptomfrei sein. Das wird durch eine allergenarme Diät (ohne Milch, Eier, Fisch) erreicht oder durch eine Eliminationsdiät.

Bei dieser werden verdächtigte Nahrungsmittel nacheinander weggelassen, so lange, bis keine Symptome mehr auftreten. Diese Untersuchung kann sich über einen längeren Zeitraum hinziehen. Oft kommen auch Nahrungsmittelzusatzstoffe (Konservierungsmittel, Farbstoffe, Aromastoffe etc.) als Auslöser in Betracht. Sobald der Patient keine Beschwerden mehr hat, kann mit einer Provokationsdiät begonnen werden, um das Allergen eindeutig herauszufinden.

Langsamer Nahrungsaufbau

Bei der Additionsdiät wird mit einer Nulldiät (ausschließlich Tee mit Traubenzucker) begonnen. Dann kommen Schritt für Schritt, in einem Abstand von einem oder mehreren Tagen, allergieverdächtige Nahrungsmittel hinzu. Die Behandlung läuft meist über einen Zeitraum von 30 Tagen.

Wird auch noch nach Gewürzen oder Genußmitteln (z.B. Kakao) gefahndet, dauert es meist noch länger. Für Kinder und Erwachsene gibt es dafür standardisierte, unterschiedliche Diätpläne. Es wird beobachtet, bei welchem Nahrungsmittel Beschwerden auftreten. Damit diese Diäten auch konsequent und sachgemäß durchgeführt werden, ist meist ein Krankenhausaufenthalt notwendig.

Intragastraler Provokationstest

Bei diesem Test wird während einer Magenspiegelung eine Allergenlösung direkt auf die Magenschleimhaut aufgebracht und die Reaktion gleichzeitig überwacht. Das ist sehr aufwendig und für den Patienten ausgesprochen belastend. Der Test wird deshalb nur in besonderen Fällen durchgeführt.

Um allergieauslösenden Stoffen auf die Spur zu kommen, kann es notwendig werden, spezielle Diäten durchzuführen. Bei einer sogenannten Additionsdiät beginnt man mit einer Nulldiät, während der man nur Tee mit Traubenzucker trinken darf. Nach und nach kommen dann einzelne Lebensmittel dazu, bis man weiß, auf welches der Patient allergisch reagiert.

Der zunehmende Straßenverkehr sorgt für immer mehr Schadstoffe in unserer Atemluft.

Obwohl Allergien heute sehr viel häufiger festgestellt werden als noch vor einigen Jahrzehnten, kann man sie nicht als reine Zivilisationskrankheit bezeichnen. Alle großen Ärzte des Altertums und des Mittelalters haben sich schon mit Überempfindlichkeitsreaktionen befaßt.

Das gereizte Immunsystem

Unser Immunsystem ist darauf ausgelegt, uns vor Krankheiten zu schützen. Es kann Erreger wie Viren, Bakterien oder Parasiten erkennen und vernichten. Darüber hinaus wird es in der Regel aber auch mit vielen anderen Fremdstoffen fertig, die unsere Gesundheit bedrohen: z.B. Chemikalien, Staub, Gase oder unterschiedlichste Substanzen, die in der Luft, in Nahrungsmitteln oder im Wasser enthalten sind.

Zuviel Arbeit für die Abwehrzellen

Wir modernen Menschen müssen uns aufgrund eines hochentwickelten Gesundheitssystems mit umfangreichen Impfmöglichkeiten, ausreichender Ernährung und gründlicher Hygiene kaum noch vor den schweren Infektionskrankheiten, die unsere Vorfahren bedrohten, fürchten. Dennoch hat unser Immunsystem – bedingt durch die industrielle Entwicklung – viel zu bewältigen. Grundsätzlich kann jeder körperfremde Stoff zu einer allergischen Reaktion führen. Jeder einzelne kommt täglich mit Millionen von Stoffen in Berührung, die für den Körper nicht nur fremd sind, sondern häufig auch nachgewiesene schädliche Wirkungen haben.

Außenluftbelastung

Längst ist die Luft in unseren Städten und auf unseren Straßen nicht mehr sauber. Sie enthält vielmehr zahllose Schadstoffe, die vor allem zu Erkrankungen der Atemwege führen können. Die bekanntesten krankmachenden Umweltgifte in der Außenluft sind:

- Schwefeldioxid
- Stickoxide
- Kohlenmonoxid
- Ozon
- Benzol
- Benzpyrene
- Dioxine
- Furane
- Nitrierte polyzyklische, aromatische Kohlenwasserstoffe
- Organische Peroxide

Auch bereits bestehende allergische Erkrankungen (z. B. Heuschnupfen) werden durch diese Schadstoffe verstärkt. So haben Untersuchungen gezeigt, daß sich Luftschadstoffe an Pflanzenpollen festsetzen und damit die allergische Reaktion beschleunigen können.

Ob außen oder innen, manche Luftschadstoffe würden sich leicht vermeiden lassen, wie etwa Zigarettenrauch, Insektenvernichtungsmittel oder Lösemittel in Farben und Lacken.

Innenraumbelastung

Weniger belastet als die Außenluft ist häufig auch die Luft in unseren Räumen nicht. Zigarettenrauch, Verbrennungsgase (besonders, wenn mit Holz, Kohle oder Gas geheizt wird), Ausdünstungen von Holzschutzmitteln, Lacken, Lösemitteln, Imprägniersprays und Insektenvernichtungsmitteln reizen den Organismus. Kritisch können darüber hinaus Tierhaare oder Hautteile von Haustieren oder der ganz normale Hausstaub sein, in dem Milben leben, die sich von abgefallenen menschliche Hautschuppen ernähren (siehe Tabelle Seite 34). Ihre Ausscheidungen führen bei vielen Menschen zur Allergie. Auch am Arbeitsplatz muß das Immunsystem bei vielen Menschen einiges aushalten. Viele Berufsgruppen (etwa Friseure, Bäcker, Metallarbeiter) arbeiten mit speziellen Materialien, die auf Dauer Allergien auslösen können.

Darüber hinaus wirken sich vollklimatisierte Räume meist recht negativ auf die Gesundheit aus. Für die auftretenden Beschwerden ist ein eigener Krankheitsbegriff geprägt worden: das Sick-Building-Syndrom, das bereits auf Seite 18 beschrieben wurde.

Pseudoallergien werden häufig durch Medikamente ausgelöst. Besonders Azetylsalizylsäure (der Wirkstoff im Aspirin) oder jodhaltige Kontrastmittel werden von vielen Menschen nicht vertragen.

Belastete Nahrungsmittel

Es sind nicht nur die Nahrungsbestandteile selbst, die dem Immunsystem immer mehr zu schaffen machen, sondern Umweltschadstoffe, die in der Nahrung enthalten sind, und Zusatzstoffe, mit denen Lebensmittel haltbar, bunt, ansehnlich und schmackhaft gemacht werden. Zwar lösen diese Zusatzstoffe häufig keine echten Allergien aus, sondern sogenannte Pseudoallergien bzw. Unverträglichkeiten, doch spielt das für den einzelnen Betroffenen keine große Rolle. Er leidet unter den gleichen Beschwerden und Krankheitsbildern wie bei einer echten Allergie vom Typ I.
Allerdings lassen sich diese Pseudoallergien nicht durch positive Ergebnisse in einem Bluttest (z.B. RAST) nachweisen. Dennoch kann auch diese Allergieform lebensbedrohliche Zustände auslösen.

Tip

Alles Wissenswerte zu belasteten Lebensmitteln und wie Sie sie vermeiden können, erfahren Sie in dem Kursbuch »Gesunde Nahrung ohne Gift« von Dr. Gisela Rauch-Petz, das ebenfalls im Südwest Verlag erschienen ist.

Was unsere Nahrung belastet

Aus der Umwelt

- Schwermetalle
- Pestizide
- Polychlorierte Dioxine und Furane
- Organohaloverbindungen
- Nitrat (vor allem im Trinkwasser durch Kunstdünger und Gülle)

Aus der Herstellung

- Konservierungsstoffe
- Antioxidantien
- Emulgatoren und Säuerungsmittel
- Verdickungs- und Geliermittel
- Aromastoffe
- Farbstoffe

Kleidung, Schmuck, Kosmetika

Unser Wohlstand und das große Angebot an Waren erlauben uns volle Kleiderschränke und eine große Palette an Schönheitsprodukten und Schmuckstücken. Dabei kommt unser Immunorgan Haut mit so vielen verschiedenen Stoffen in Berührung, daß Kontakt- und Textilallergien immer mehr zunehmen. Textilien werden bei der Herstellung mit verschiedensten Chemikalien behandelt. Das macht sie pflegeleicht, schön, teilweise edel und bunt. Aber gerade diese Zusätze können zu allergischen Hautreaktionen führen. Besondere Vorsicht ist bei schwarzen Textilien geboten. Auch Importware ist häufig mit bedenklichen Mitteln behandelt, die in Deutschland daher nicht verwendet werden.

TIP
Weiche Wäsche ohne Weichspüler bekommen Sie auch, wenn Sie zwei Eßlöffel Haushaltsessig ins letzte Spülwasser geben.
Das hat gleichzeitig den Vorteil, daß die Essigsäure eventuelle Seifenrückstände neutralisiert.

Umwelt- und hautschonend waschen

Auch beim Waschen gilt es, einige Regeln zu beachten. Rückstände von Waschmitteln, insbesondere von Weichspülern, können die Haut reizen und Allergien auslösen. Kinder reagieren hier besonders empfindlich. Deshalb sollte auf Weichspüler grundsätzlich verzichtet werden. Vor allem Kleidungsstücke, die direkt mit der Haut in Verbindung kommen, sollten gründlich mit klarem Wasser gespült werden. Neue Kleidung muß vor dem ersten Tragen unbedingt gewaschen werden. Bei Kinderkleidung ist es sogar sinnvoll, sie mehrmals zu waschen.

Schön, aber schädlich

Auch Kosmetika und Schmuck können Hautreaktionen und Allergien auslösen. Vor allem preiswerter Modeschmuck enthält Metalle und Legierungen, die das Immunsystem durcheinander bringen. Besonders Nickel löst bei vielen Menschen eine Kontaktallergie aus.

Stoffe, die häufig Allergien auslösen

Pollen

- Aster
- Beifuß
- Birke
- Buche
- Brennessel
- Chrysantheme
- Dahlie
- Erle
- Hasel
- Knäuelgras
- Lieschgras
- Löwenzahn
- Platane
- Primel
- Roggen
- Ruchgras
- Sonnenblume
- Spitzwegerich
- Weide
- Wiesenrispengras

Milben

- Allergen ist vor allem die Ausscheidung der Hausstaubmilbe

Pilze

- Aspergillus fumigatus (Gießkannenschimmel)
- Penicillium (Pinselschimmel)
- Candida albicans
- Cladosporium (häufig in Erde oder Pflanzen)

Insektengift

- Wespen
- Bienen

Nahrungsmittel

- Aal
- Ananas
- Anis
- Äpfel
- Bananen
- Casein
- Curry
- Dorsch
- Erdbeeren
- Erdnüsse
- Forelle
- Gluten
- Grapefruit
- Hafermehl
- Hammelfleisch
- Haselnüsse
- Hühnerei
- Hummer
- Kaffee (Koffein)
- Kakao
- Karotten
- Kartoffel
- Kiwi
- Krabben
- Lachs
- Maismehl
- Malz
- Mandel
- Miesmuscheln
- Milch und Milchprodukte
- Milcheiweiß
- Muskat
- Orangen
- Paprika
- Pfeffer
- Rindfleisch
- Roggenmehl
- Rotbarsch
- Schweinefleisch
- Sellerie
- Sesamschrot
- Tomaten
- Walnüsse
- Weizenmehl
- Zitronen
- Zwiebel

Metalle

- Nickel
- Chrom

Medikamente

- Penizillin, Sulfonamide
- Rinderinsulin

Schadstoffe in Chemieprodukten

Schadstoff	Vorkommen
Benzol	Farben, Lacke, Plastikfolie
Blei	Farben, Lacke, alte Wasserrohre, Autoabgase
Chlorbenzol	Lösemittel, Polituren, Pestizide
Chrom	Beizen, Gefrierschutzmittel, Imprägniermittel
Dichlorethan	PVC, Fleckenwasser, Abbeizmittel
Dioxin	Holzschutzmittel, entsteht bei Müllverbrennung
Epoxidharz	Fliesenkleber, Holz- und Metallklebstoffe, Ledergerbmittel
Ethylbenzol	Lösemittel
Formaldehyd	Leime, Lacke, Spanplatten, Desinfektionsmittel, Schaumstoff (heute gibt es immer mehr Produkte, die ohne diesen Stoff hergestellt werden)
Isocyanate	Kleber, Lacke, Gummi, Schaumkunststoff
Kadmium	Glasuren, Kunststoffe, Kosmetika, Zigarettenrauch
Kobaltchlorid	Farbstoffe, Kunstharze, Korrosionsschutzmittel
Phenol	Leime, Farbstoffe, Desinfektionsmittel
Phosphorsäureester	Pflanzenschutzmittel, Weichmacher, Flammschutzmittel
Quecksilber	Zahnfüllungen, Leuchtstoffröhren, Kosmetika, Kopiertoner, Bodenwachs, Imprägniermittel
Styrol	Kunststoff
Kleber	Wärmedämmstoffe
Tenside	Fensterputzmittel, Fußbodenpflegemittel, Scheuermittel, Spülmittel, Waschmittel
Terpentinölersatz	Schuhpflegemittel, Ledersprays, Lösemittel
Tetrachlorkohlenstoff	Fleckentferner, Imprägniermittel, Fußbodenpflegemittel
Vinylchlorid	Fußbodenbeläge, Installationsrohre, Textilien
Xylol/Toluol	Lösemittel, Bleichmittel

Auszug aus: Das Haus - Ursache allergischer Erkrankungen. Hrsg. Institut für Baubiologie und Ökologie. Neubeuern

Allergiekranke Menschen sollten daran denken, daß viele allergieverdächtige Stoffe in alltäglichen Haushaltsmitteln enthalten sind.

Es hat sich gezeigt, daß Streß oder depressive Verstimmungen Allergien verstärken können.

Für Allergiker ist eine ausgeglichene Stimmungslage besonders wichtig, denn auch Ärger und Streß können den Boden für einen neuen Anfall vorbereiten.

Allergie – auch die Psyche spielt mit

Obwohl das Geschehen bei einer Allergie körperlich meßbar ist, zweifelt heute kaum noch jemand daran, daß auch die seelische Verfassung eines Menschen einen großen Teil zum Krankheitsbild beiträgt. Wie die Zusammenhänge zwischen Körper und Psyche sind, ist bei weitem noch nicht ausreichend erforscht. Aussagen über den Einfluß der Psyche beruhen somit hauptsächlich auf Erfahrungen und Beobachtungen und sind im großen und ganzen spekulativ.

Kranke Seele – kranker Körper

Nichtsdestoweniger kennt vermutlich jeder Mensch Situationen, in denen sich sein Seelenzustand negativ oder positiv auf sein körperliches Befinden auswirkt.

Eindeutig festzustellen ist, daß innere Spannungen, Trauer, Streß, Wut, Ekel, Angst und andere negative Gefühlszustände Auslöser für allergische Schübe sein können, und daß sie allergische Erkrankungen wie etwa Asthma, Neurodermitis oder Fließschnupfen verstärken.

Wie eng Körper und Psyche miteinander verwoben sind, zeigen Beispiele, bei denen Pollenallergiker bereits beim Anblick einer gemalten Wiese Heuschnupfen bekommen. Ein weiteres Beispiel sind Tierhaarallergiker, die zu husten beginnen, wenn ihnen jemand mit einem Pelzmantel begegnet – auch wenn dieser aus Kunstfell geschneidert ist.

Andererseits ist eine Vielzahl von Fällen bekannt, bei denen die Allergie eines Tages einfach verschwunden ist, ohne daß es eine medizinische Erklärung dafür geben würde. Es passiert auch, daß die Beschwerden für Monate oder Jahre weg sind, irgendwann aber wieder auftreten – auch dies, ohne erkennbaren Anlaß. In der ganzheitlich orientierten Medizin ist es keine Frage, daß hier die Psyche ein Wörtchen mitredet.

Psychologische Betreuung

Weil der Zusammenhang von Körper und Psyche offensichtlich ist, gehen ganzheitlich orientierte Mediziner heute vermehrt auf diese Problematik ein. Da vielen in ihrem normalen Praxisalltag die Zeit fehlt, die Patienten auch in dieser Hinsicht zu betreuen, raten sie zusätzlich zu den körperlich notwendigen Therapien eine »Seelenbehandlung« an.
Besonders empfehlenswert sind Entspannungstechniken, die sich gleichermaßen wohltuend auf die Seele wie auf den Körper auswirken und die unter fachkundiger Anleitung leicht erlernt werden können.

- Autogenes Training, Yoga
- Atemtechniken, progressive Muskelentspannung

Hilfreich können auch Psychotherapien sein, wie etwa Verhaltens-, Gesprächs- oder analytische Therapie. Denn gerade allergiekranke Menschen leiden häufig unter Ängsten, starken Minderwertigkeitsgefühlen oder anderen Persönlichkeitsproblemen, die ihnen das Leben schwer machen. Professionelle Hilfe sollte dann nicht gescheut werden.

Positiv Denken ist auch für Allergiekranke wichtig. Es hilft, die Krankheit anzunehmen und vermindert den Streß, der dadurch entsteht, daß man dauernd mit dem eigenen Schicksal hadert.

Reizüberflutung

Jeder ist in seinem Umfeld vielen unterschiedlichen Reizen ausgesetzt – in der Stadt noch stärker als auf dem Land. Ein dauernd überlastetes Nervensystem und die ständige Überreizung des Seelenlebens können bei vielen Krankheiten eine Rolle spielen. Sie können bewirken, daß die Abwehrfunktionen gestört werden und begünstigen damit Allergien.

Nach einer heißen Dusche kurz mit kaltem Wasser abbrausen – das regt das Immunsystem an.

Für Allergiker ist ein gut funktionierendes Immunsystem besonders wichtig. Der durch die allergischen Symptome angegriffene Körper ist empfindlich gegenüber Infektionen aller Art. Das »altmodische« Abhärten nach Pfarrer Kneipp kann hier Abhilfe schaffen.

Das Immunsystem stärken

Es ist letztlich nicht sicher, ob man den Ausbruch einer Allergie wirklich verhindern kann. Insbesondere dann nicht, wenn der Betroffene zu den Atopikern gehört, also zu den Menschen, die die Veranlagung für eine Allergie von ihren Eltern vererbt bekommen haben. Das ist wissenschaftlich immer noch nicht eindeutig geklärt. Fest steht aber ohne Zweifel, daß ein starkes Immunsystem vor vielen Krankheiten schützt und auch im Alter, wenn die Abwehrleistung allmählich abnimmt, noch besser arbeitet.

- Für jeden Menschen lohnt es sich deshalb, sein Immunsystem auf natürliche Weise zu stärken. Allergiker sollten allerdings immer mit ihrem Arzt sprechen, ehe sie eine der nachstehend genannten Methoden anwenden.

Vorbeugen durch Abhärtung

Das klingt ziemlich altmodisch, ist aber heute so aktuell und modern wie früher. Abhärtung hat auch nichts mit Roßkuren zu tun, wie etwa im Winter in einem See zu baden oder sich nackt im Schnee zu wälzen. Gemeint sind vielmehr gesunde Verhaltensweisen, die das Herz-Kreislauf-System, den Stoffwechsel, den Lymphfluß und alle natürlichen Vorgänge im Körper positiv beeinflussen, die Blutgefäße flexibel halten, die Durchblutung des gesamten Körpers verbessern und damit einen nicht unwesentlichen Einfluß auf unser Immunsystem haben.

Die bewährte Kneipp-Kur

Geprägt hat den Begriff der Abhärtung der Allgäuer Pfarrer und Naturheilkundige Sebastian Kneipp im letzten Jahrhundert. Seine Methoden sind seither angewandt, verfeinert, weiterentwickelt und wissenschaftlich geprüft und bestätigt worden. Eine Kneipp-Kur ist nach wie vor eine gesunde, das Immunsystem stärkende Sache. Sie setzt sich aus fünf Elementen zusammen:

- Hydrotherapie (Wasseranwendungen)
- Phytotherapie (Anwendungen mit Heilpflanzen)
- Ernährungstherapie (gut gemischte Vollwertkost)
- Bewegungstherapie (sanfter Sport)
- Ordnungstherapie (Streßbewältigung)

Viele dieser Elemente und Anwendungen kann man – in abgewandelter Form – ohne weiteres in das tägliche Leben übernehmen. Sie sind weder aufwendig noch anstrengend und man muß dafür nicht unbedingt wochenlang zur Kur fahren (wenngleich bei einer Kur Erlerntes zu Hause leichter anzuwenden ist).

Kneippsche Wasseranwendungen aktivieren viele Organsysteme, vor allem das Herz und den Kreislauf, den Stoffwechsel und die Funktionen der Nebennierenrinde.

Mit kaltem Wasser vorbeugen

Kaltes Wasser macht munter, reguliert den Wärmehaushalt, beruhigt die Nerven. Deshalb sollte man täglich mindestens einmal kaltes Wasser an den Körper lassen – natürlich auf ganz bestimmte Weise – entweder als Dusche oder noch besser mit einem Schlauch oder einem Waschlappen. Oberkörper, Unterkörper, Füße, Arme, Gesicht können auch einzeln behandelt werden.

- Wichtig: Niemals kaltes Wasser auf kalte Körperpartien gießen! Kneipp-Güsse sollten nicht angewendet werden, wenn man fröstelt oder friert. Im Zweifel wärmen Sie sich vorher auf – mit einer heißen Dusche oder mit Bewegung.

Kneipp-Guß – so geht's

Oberkörper
Man beginnt mit dem rechten Arm (herzfern) an der Handoberfläche und braust außen am Arm hoch bis zur Schulter. Dann folgt die Innenseite. Anschließend behandelt man den linken Arm. Schließlich werden Brust und Bauch und zuletzt der Rücken begossen.

Unterkörper
Beginnend beim rechten Bein außen – von unten nach oben – danach vorne und innen brausen. Das linke Bein in derselben Weise behandeln. Zum Schluß ist das Gesäß dran.

- Um die Wirkung zu verstärken, sollte man sich anschließend nicht abtrocknen, sondern das Wasser nur mit der Hand vom Körper streifen und sich feucht ein paar Minuten hinlegen.
- Vorsicht vor Zugluft!

Kaltwasseranwendungen aktivieren die körpereigene Kortisonproduktion. Dieses wirkt ebenso wie das künstliche Kortison, das viele Allergiepatienten verwenden müssen, wenn es wieder einmal besonders schlimm ist. Es hat jedoch nicht dessen unangenehme Nebenwirkungen.

Auch warmes Wasser oder wechselnd kaltes und warmes Wasser erfüllen ihren Zweck. Beim Wechseln ist es wichtig, daß man immer mit kalt aufhört.

Arm- und Fußbäder

Arme: Ein Armbad wirkt auf alle Organe im Oberkörper. Bei Neigung zu Erkältungen führt man es warm (38 °C) oder warm-kalt durch. Das Waschbecken oder eine große Schüssel sind so mit Wasser zu füllen, daß man die Arme bis über die Ellbogen eintauchen kann. Die Arme bleiben acht bis zehn Minuten im Wasser.
Für ein Wechelbad braucht man zwei Behälter: Nach einem fünfminütigen Warmbad taucht man die Arme zehn Sekunden in kaltes Wasser. Nach zweimaligem Wechsel endet das Armbad in kaltem Wasser.
Die Wirkung läßt sich mit Extrakten von Fichtennadeln, Heublumen oder Rosmarin verstärken.

Füße: Beim Fußbad geht man ebenso vor wie beim Armbad: Ein warmes Fußbad dauert 10 bis 15 Minuten bei einer Wassertemperatur von 36 bis 40 °C. Das Wasser soll bis unter die Kniekehlen reichen. Beim warm-kalten Fußbad wechselt man nach ungefähr fünf Minuten vom Warmbad für 10 bis 15 Sekunden ins kalte Wasser. Nach zweimaligem Wechsel mit kalt aufhören. Ein Fichtennadelzusatz im Wasser verstärkt die Wirkung.

Wohltuende Bürstenmassage

Trockenbürsten: Wer wenig Zeit hat, kann seinen Körper auch trocken abbürsten (mit einer Bürste aus Naturhaaren oder einem Massagehandschuh). Das dauert etwa fünf Minuten und regt ebenfalls Durchblutung, Körperfunktionen und Immunsystem an. Besonders am Morgen bringt es sogar einen Morgenmuffel auf Trab. So gehen Sie vor:
Mit kräftigen kreisförmigen Strichen am rechten Bein Fußrücken, Fußsohle, Unterschenkel, Oberschenkel bürsten, zuerst außen, dann innen. Anschließend bürstet man das linke Bein, danach den Po und zuletzt den Oberkörper. Hier fängt man ebenfalls wieder rechts an. Die Reihenfolge ist wie beim Armguß: Handrücken, Arm außen, Arm innen. Es folgt der linke Arm. Die Brust wird von außen zum Brustbein hin, der Bauch im Uhrzeigersinn gebürstet. Zuletzt folgen der Nacken und der Rücken zuerst oben, dann unten. Wer mag, kann ganz zuletzt das Gesicht vorsichtig massieren.

WICHTIG
Der Behandlungsraum muß gut temperiert sein, sonst kann es zu Erkältungen kommen.

Richtig ernähren

Obwohl uns heute eine schier unübersehbare Menge an Nahrungsmitteln zu Verfügung steht, ist eine gesunde Ernährung nicht garantiert. Gerade unsere Abwehrkräfte werden aber aus den unterschiedlichsten Nährstoffen gespeist.

Ein Mangel, etwa an Vitaminen oder Mineralstoffen, kann zu Krankheiten, erhöhter Infektanfälligkeit und zu Schwächung und Schäden des Immunsystems führen.
Besonders gefährdet sind Menschen, die sich – oft beruflich bedingt – zuwenig Zeit zum Essen und vor allem zum Kochen nehmen. Das reichhaltige Angebot an Fertiggerichten und Fast food verführt uns, wenig auf die Zusammensetzung unseres täglichen Speiseplans zu achten. Schlankheitsdiäten (die meist recht einseitig sind), Genußgifte wie Zigaretten, Kaffee oder Alkohol tun ein übriges, die Abwehrkräfte herabzusetzen. Aber was ist richtig?

Besonders für Nahrungsmittelallergiker ist es nicht immer leicht, außerhalb der eigenen vier Wände festzustellen, ob die angebotene Nahrung Allergene enthält oder nicht. Fragen Sie im Zweifel den Koch oder Kellner.

Sinnvolle Nahrungszusammensetzung

- Über die Hälfte der täglichen Nahrung sollte aus Vollkornprodukten, frischem Obst und Salat sowie schwach gedünstetem Gemüse bestehen. Bei bekannter Allergie müssen Sie auf das entsprechende Obst oder Gemüse verzichten.
- Fett und Süßes darf grundsätzlich eingespart werden.
- Wenn schon Fett, dann überwiegend pflanzliches mit ungesättigten Fettsäuren (optimal: je ein Drittel gesättigtes, tierisches Fett, mehrfach ungesättigtes Pflanzenfett, einfach ungesättigtes Fett, z.B. Butter, Weizenkeim-, Olivenöl). Auf versteckte Fette in Wurst, Käse und Fertiggerichten achten.
- Fleisch: ein- bis zweimal pro Woche ist genug.
- Hochwertiges Eiweiß aus Milch- und Milchprodukten und Vollkornprodukten bevorzugen. Auch hier gilt: bei bekannter Allergie auf das Entsprechende verzichten!
- Lebensmittel möglichst frisch, also unbehandelt und unverarbeitet verwenden.

Wer unsicher ist, sollte sich beim Arzt oder einer Ernährungsberatungsstelle einen Plan aufstellen lassen. Oft reicht es schon, einige schlechte Gewohnheiten aufzugeben und den Speiseplan ein wenig umzustellen.

Regelmäßig bewegen

Fast alle Menschen bewegen sich heute zu wenig oder falsch. Die meisten sitzen zu viel. Regelmäßiger leichter Sport hat aber gleich mehrere günstige Auswirkungen auf den Körper, die Psyche und das Immunsystem:

- Sport wirkt besonders ausgleichend auf das vegetative Nervensystem.
- Sport hält Herz und Kreislauf in Schwung.
- Sport stärkt Muskeln und Gelenke.
- Sport sorgt für eine bessere Durchblutung des gesamten Organismus.
- Sport ist wichtig für eine stärkere Immunabwehr.

Dabei geht es keineswegs um olympiareife Leistungen oder anstrengende und zeitraubende Übungen. Falsch ist es auch, die ganze Woche über zu faulenzen und dann am Wochenende zu übertreiben. Das schadet dem Organismus mehr als es nützt.

Leichte sportliche Betätigung kräftigt alle Organsysteme des Körpers und hilft ihm, mit den Belastungen durch allergische Symptome besser fertig zu werden.

Gehen Sie doch öfter mal zum Schwimmen! Auch wenn Sie »nur« mit kleinen Kindern im Wasser herumtoben, wird Ihr Herz, Ihr Kreislauf und nicht zuletzt auch Ihr Immunsystem kräftig angeregt.

Mäßig, aber regelmäßig

Worauf es vielmehr ankommt, ist eine tägliche, maßvolle körperliche Aktivität, die die Vitalfunktionen anregt. Auch dafür gibt es eine Kneippsche Faustregel:

- Einmal am Tag aktiv ins Schwitzen kommen.
- Dreimal pro Woche für mindestens zehn Minuten die Muskulatur durch Bewegung so in Schwung zu bringen, daß der Puls kräftig steigt. Er sollte etwa 170 Schläge minus Ihr Lebensalter erreichen. Das bedeutet bei einem 30jährigen 140 Schläge, bei einem 40jährigen 130 Schläge pro Minute. Man muß das nicht unbedingt messen. Ist man soweit, daß man durch die Nase nicht mehr ausreichend Luft bekommt und durch den Mund atmen muß, hat man die nötige Anstrengung schon erreicht.

Besonders beim Joggen ist unbedingt auf gut federnde Schuhe zu achten, um die Gelenke an Füßen, Knien, Hüften und Wirbelsäule nicht zu überfordern.

Mit Spaß dabei

Die besten Sportarten für die Gesundheit brauchen weder großartiges Outfit noch besondere Kenntnisse. Es eignen sich:

- Forsches Spazierengehen oder Marschieren (Walking)
- Radfahren
- Schwimmen
- Joggen
- Skilanglauf

Wenn Sie lange nichts gemacht hat, empfiehlt es sich, langsam zu beginnen. Am besten fragen Sie vorher den Arzt um Rat, oder Sie lassen sich gründlich untersuchen.

Streß abbauen

Psychische Faktoren wie Streß spielen bei der Entstehung und Erhaltung von allergischen Krankheiten offenbar eine große Rolle. Das wird in neueren Untersuchungen immer

wieder bestätigt. Viele Menschen stehen heute unter Dauerstreß. Häufig ist es der Beruf, der sie kaum noch zur Ruhe kommen läßt, oder private Probleme. Die Mehrfachbelastung durch Job, Haushalt und Kinder – ganz besonders für Frauen – tut ein übriges. Weiter belastend sind Geldsorgen, Partnerschaftskonflikte, Scheidung oder Trennung oder der Tod eines nahestehenden Menschen.
Es gibt Tausende von Streßfaktoren – jeder kennt sie. Manche Menschen halten ziemlich viel aus, andere werden schon von Kleinigkeiten aus dem Gleichgewicht gebracht. Das gilt auch für Kinder.

Streß verändert Körpervorgänge

Bei Streß wird eine ganze Reihe von Reaktionen im Körper in Gang gesetzt. Grundsätzlich ist dies gut und kann lebenserhaltend sein – etwa, wenn man vor einer Gefahr fliehen muß. Heute kommen diese Streßsituationen aber meist nicht von einer realen Gefahr von außen, sondern es handelt sich um Lebensumstände, die innerlich aufwühlen. Die Körperreaktionen sind die gleichen, doch in diesem Fall schaden sie und machen krank.

Ursprünglich war Streß eine überlebenswichtige Reaktion des Körpers. Streß wurde bei Bedrohung ausgelöst und machte den Körper optimal bereit für die Flucht vor Gefahr.

So reagiert Ihr Körper auf Streß

- Der Pulsschlag wird schneller.
- Der Blutdruck steigt, die Atemfrequenz nimmt zu.
- Der Blutzuckerspiegel steigt, Streßhormone, z. B. Adrenalin, werden verstärkt ausgeschüttet.
- Die Muskulatur wird stärker durchblutet.
- Die Organe, vor allem die des Verdauungssystems, werden weniger durchblutet.
- Das Immunsystem bekommt ebenfalls weniger Blut, was zu erhöhter Infektanfälligkeit führt oder allergische Schübe (etwa Asthmaanfälle) auslösen kann.

Natürlich ist es kaum möglich, die Streßauslöser einfach abzuschaffen. Man kann den Chef nicht ändern, die Arbeit nicht einfach hinschmeißen. Bestimmte Dinge müssen gemacht werden, auch wenn man müde ist oder keine Lust hat. Konflikte mit anderen Menschen lassen sich nicht einfach in Luft auflösen.

Mit Streß leben lernen

Entspannungstechniken helfen, die Belastungen des Alltags hinter sich zu lassen und zu sich selbst zu finden. Sie haben sich auch gegen Schlafstörungen bewährt.

Trotzdem gibt es für jeden die Chance, mit dem Streß besser fertigzuwerden. Oft ist dem einzelnen nur sein natürlicher Rhythmus zwischen Anspannung und Entspannung, Anstrengung und Ruhe, Aktivität und Passivität verlorengegangen. Es gilt, diesen Wechsel wieder herzustellen, die Dauerbelastung zu unterbrechen, eine neue Ordnung ins Leben zu bringen. Sehr hilfreich sind dabei Entspannungstechniken, die jeder lernen kann:

- Autogenes Training
- Progressive Muskelentspannung nach Jacobson
- Atemtechniken und Yoga
- Meditation

Erfolgreich entspannen

Für alle diese Techniken werden Kurse angeboten. Man sollte sie möglichst nur unter fachkundiger Anleitung erlernen, und sie dann regelmäßig anwenden. Sie kosten kaum Zeit, haben aber große Wirkung.

Oft hilft es schon, mehrmals täglich für ein paar Minuten einfach abzuschalten. Man legt sich zehn Minuten entspannt auf den Rücken und tut gar nichts, versucht auch möglichst an nichts – oder zumindest nichts Aufregendes – zu denken. Falls man keine Möglichkeit hat, sich auszustrecken, bringt es auch etwas, die Arme auf die Knie zu stützen, die Augen zu schließen und auf diese Weise zu entspannen.

Erholsam schlafen

Schlafen ist keine verlorene Zeit. Ganz im Gegenteil: Während wir schlafen, laufen im Körper viele wichtige Prozesse ab, die unseren Organismus stärken, gesund erhalten und für neue Kräfte sorgen. Auch für das Immunsystem ist ein erholsamer und ausreichender Schlaf von großer Bedeutung. Insbesondere die Botenstoffe dieses Systems haben während des Schlafs wichtige Aufgaben zu erfüllen. Bestimmte Eiweiße müssen zusammengebaut, beschädigte Zellen repariert werden. Die Muskulatur innerer Organe wird zur Arbeit angeregt und die Blutgefäße werden geweitet. Kinder wachsen im Schlaf, denn nur dann wird das Wachstumshormon ausgeschüttet.
Jeder Mensch weiß, wie schlecht er sich fühlt, falls er zu wenig oder unruhig geschlafen hat. Andererseits ist es nur sehr schwer möglich, guten, erholsamen Schlaf zu erzwingen.

Im Schlaf können die inneren Organe ungestört arbeiten. Im Körper werden wichtige Eiweißstoffe produziert, und die Blutgefäße erweitern sich. Alle diese Vorgänge sind besonders wichtig für ein intaktes und reibungslos funktionierendes Immunsystem.

Tip

Gerade das noch nicht vollkommen ausgereifte Immunsystem der Kinder ist auf ausreichenden, ungestörten Schlaf angewiesen. Sorgen Sie daher dafür, daß Ihr Kind genügend Schlaf bekommt und vor allem, daß es keine aufregenden Filme vor dem Zubettgehen ansieht.

Auf die Schlafdauer kann man leichter Einfluß nehmen – vorausgesetzt, man übt nicht einen Beruf aus, der regelmäßigen Schlaf verhindert (z.B. Schicht- oder Nachtarbeit).

Die ideale Temperatur für das Schlafzimmer beträgt 16 bis 18 °C. Bei dieser Temperatur ist auch das Wachstum der Hausstaubmilben vermindert. Sie sind eine hartnäckige Allergiequelle in vielen Schlafzimmern.

Ideale Schlafbedingungen

- Reichlich Bewegung an der frischen Luft macht den Körper müde und fördert einen erholsamen Schlaf.
- Der frühe Abend ist die beste Zeit für die letzte Mahlzeit. Schweres Essen, vor allem kurz vor dem Zubettgehen, stört einen gesunden Schlaf.
- Vermeiden Sie Alkoholexzesse am Abend. Alkohol verhindert die Tiefschlafphasen, der Körper kann sich dann nicht richtig erholen.
- Sehen Sie sich keine aufregenden Fernsehsendungen an, und vermeiden Sie andere aufputschende Tätigkeiten vor dem Zubettgehen.
- Sorgen Sie für ein ruhiges, gut gelüftetes, nicht zu warmes Schlafzimmer und ein bequemes Bett.

Vorsicht bei Schlafmitteln

Schlafmittel sind immer die schlechteste Lösung, wenn man Schlafprobleme hat. Sie sollten grundsätzlich nur nach Verordnung durch den Arzt und nicht über einen längeren Zeitraum eingenommen werden. Es gibt zwar Situationen, beispielsweise sehr viel Streß oder Kummer, in denen mit einem Medikament der Teufelskreis von Schlafmangel – noch mehr Streß – Krankheit durchbrochen werden muß. Doch das sollte die Ausnahme bleiben. Kneippsche Anwendungen wie beispielsweise kalte Unterkörperduschen oder -waschungen entspannen ebenfalls und machen müde. Autogenes Training oder andere Entspannungstechniken helfen einzuschlafen. Diese natürlichen Techniken sind wirkungsvoll und haben keine schädlichen Nebenwirkungen wie viele Schlafmittel.

Allergiekrank – was tun?

Wer an einer Allergie leidet, kommt ohne ärztliche Betreuung nicht aus. Darüber hinaus gibt es eine Menge Dinge, die man zusätzlich für sich tun kann, oft auch tun muß, um die Krankheit in den Griff zu bekommen.

Wichtige Verhaltensmaßnahmen

- Eine gesunde, immunstärkende Lebensweise (siehe vorangegangenes Kapitel) ist oberstes Gebot.
- Die Vermeidung von Auslösern akuter Schübe – wie z. B. Streß oder Krankheit – ist ein weiterer wichtiger Punkt.
- Die Vermeidung des oder der Allergene, die sogenannte Allergenkarenz, ist für die Behandlung entscheidend.

Was sich so einfach anhört, kann für den einzelnen sehr schwierig sein und das Leben regelrecht auf den Kopf stellen. Vor allem, wo es um die Vermeidung der Auslöser und noch mehr um die völlige Allergenkarenz geht, bedarf es oft größerer Veränderungen liebgewordener Gewohnheiten.

Problem erkannt …

Man muß die Allergene kennen, denen man aus dem Weg gehen soll. Man muß wissen, welcher Stoff die Überreaktion des Immunsystems auslöst. Wie schwer das manchmal festzustellen ist – insbesondere, wenn man gegen verschiedene Stoffe allergisch reagiert –, wurde bereits im Kapitel über Diagnose- und Testverfahren (ab Seite 16) behandelt.

Der Arzt erhält oft schon im Gespräch mit dem Patienten Hinweise auf mögliche allergieauslösende Stoffe.

In vielen Fällen kann das Verhalten des Patienten darüber entscheiden, wie oft ihn allergische Symptome quälen und wie gut oder schlecht er mit seiner Krankheit lebt.

… Gefahr gebannt?

Wenn das Immunsystem auf zwei Stoffe reagiert, die miteinander verwandt sind, spricht man von Kreuzallergie oder Kreuzreaktion.

Kennt man die Allergene, heißt dies noch lange nicht, daß man den Kontakt mit ihnen vollständig vermeiden kann. Vor allem, wenn sie in der Umwelt, besonders in der Luft vorkommen. So ist es kaum möglich, dem Pollenflug zu entgehen. Wer kann schon während der gesamten Frühjahr- und Sommermonate in eine pollenfreie Gegend reisen (Wüste, Hochgebirge, Meer)? Oder in eine völlig staubfreie Wohnung ziehen bzw. seine vorhandene entsprechend umbauen? Oder wichtige Nahrungsmittel wie Brot oder Milch einfach weglassen?
Trotz dieser Probleme gibt es hilfreiche Maßnahmen, die den Allergenkontakt deutlich reduzieren und im Einzelfall eine erhebliche Besserung der Allergie bringen können.

Es ist oft schwer, ein Kind, das an einer Allergie gegen Katzen- oder Hundehaare leidet, immer von den heiß geliebten Haustieren fernzuhalten. Es hilft nur, daß Sie Ihrem Kind – sobald es alt genug ist – ganz genau erklären, warum es nicht mit ihnen spielen darf.

Pollenallergiker

Während der Pollenflugzeiten empfiehlt es sich, tagsüber die Fenster der Wohnung geschlossen zu halten und nur nachts zu lüften. Waschen Sie sich täglich die Haare, denn dort setzen sich die Pollen fest und quälen Allergiker dann auch im Zimmer. Die Wäsche sollte während dieser Zeit nicht im Freien trocknen, weil sonst ebenfalls Pollen über das Textilgewebe in die Wohnung geschleppt werden können.
Häufig reagieren Pollenallergiker auch auf bestimmte Nahrungsmittel und Gewürze allergisch. Diese sollten Sie vermeiden. Bekannt ist beispielsweise ein Zusammenhang zwischen einer Birkenpollenallergie und der Unverträglichkeit von Nüssen und Äpfeln. Menschen mit einer Allergie gegen Beifußpollen vertragen oft Kamille und Sellerie nicht.

Teppiche und Daunendecken, Vorhänge und Polstermöbel sind Staubfänger, in denen sich die Hausstaubmilbe bei der richtigen Temperatur und Luftfeuchtigkeit wohl fühlt und vermehrt.

Hausstauballergiker

Um die Wohnung auf Milben zu testen, gibt es geeignete Substanzen. Entfernen Sie die belasteten Materialien aus der Wohnung. Meist sind es die Betten, alte Schränke, Vorhänge oder Teppichböden. Verwenden Sie statt dessen glatte Materialien (Kunststoff, Holz, waschbare Kissen, Matratzen und Decken etc.), die nicht so schnell befallen werden. Verbannen Sie Staubfänger aus der Wohnung, und verzichten Sie auf Pflanzen. Vor allem das Schlafzimmer sollte möglichst von Staubquellen freigehalten werden.

Tierallergiker

Hier hilft es nur, ein eigenes Haustier wegzugeben, auch wenn diese Entscheidung noch so schwer fällt. Außerdem müssen alle Dinge entfernt werden, mit denen das Tier Kontakt hatte (Käfig, Halsband, Futternäpfe etc.), und die Wohnung muß gründlichst gereinigt werden, um verstreute Tierhaare oder Hautteilchen sicher zu entfernen. Tierallergiker sollten auch bei anderen Tierhaltern keine Besuche machen. Vorsicht auch bei Kleidung und Gegenständen, die aus Tiermaterial hergestellt werden! Ein Mohairpullover kann bei einem Allergiker einen akuten Schub auslösen.

Berufsallergiker

Es gibt Nahrungsmittelallergien, die im Verlauf des Lebens plötzlich verschwinden, andere wiederum sind ausgesprochen hartnäckig.

Helfen keine Schutzmaßnahmen am Arbeitsplatz, wie etwa spezielle Gesichtsmasken (z.B. bei Lackierern, Bäckern) oder Handschuhe (bei Friseuren), muß eventuell sogar der Beruf aufgegeben werden. Berufsbedingte Allergien müssen der Berufsgenossenschaft gemeldet werden. Das Arbeitsamt fördert eine Umschulung in einen anderen Beruf, falls eine Allergie die Ausübung des bisherigen nicht mehr zuläßt.

Nahrungsmittelallergiker

Hier ist die Allergenvermeidung besonders schwierig. Denn hat man den Übeltäter auch ausfindig gemacht, so weiß man noch lange nicht, worin er überall enthalten ist. Zwar gilt bei uns eine Kennzeichnungspflicht fertiger Lebensmittel, d.h. auf der Verpackung müssen die Inhaltsstoffe und Zusatzstoffe (E-Nummern) angegeben sein. Doch beträgt der Anteil des jeweiligen Stoffes weniger als fünf Prozent, wird er häufig nicht aufgeführt. Zudem muß die Inhaltsangabe nur bei abgepackten Lebensmitteln gemacht werden. Alles, was man unverpackt kauft, etwa beim Bäcker, Metzger oder im Restaurant, kann Allergene enthalten, ohne daß man es erfährt (oft auch auf Nachfrage nicht, weil die Verkäufer oder Kellner es selbst nicht wissen).

Schwer allergische Menschen müssen mit ihrem Arzt genaue Ernährungspläne erstellen und peinlich darauf achten, nichts Falsches zu essen.
Ein ärztlich ausgeklügelter Ernährungsplan ist auch deshalb notwendig, um eine Mangelernährung zu verhindern. Man kann nicht einfach etwas vom Speiseplan streichen, ohne die entsprechenden Nährstoffe auf andere Weise zu ersetzen.

Was ist besonders gefährlich?

Besonders allergene Nahrungsmittel sind Nüsse, Fisch und Meerestiere, Eier, Gewürze oder Pflanzensamen. Bestandteile dieser Lebensmittel können in einer Vielzahl von Speisen enthalten sein – z.B. in Kuchen, Gebäck, Eis, Schokolade, Würzmischungen, Ketchup.
Nahrungsmittelallergiker müssen also unbedingt darauf achten, ob ihr Allergen etwa in Kosmetika (z.B. Mandel in Reinigungsmilch) oder Toilettenartikeln (z.B. Eibestandteile in Shampoo) enthalten ist.

Zusatzstoffe, die Allergien auslösen können

Farbstoffe	
Amaranth	E123
Azorubin	E122
Gelborange S	E110
Tartrazin	E102
Konservierungsstoffe	
Benzoesäure	E210
Kaliumnitrat	E252
Natriumnitrit	E250
Natriumsulfit	E221
Schwefeldioxid	E220
Sorbinsäure	E200
Thiabendazol	E233
Antioxidantien	
Butylhydroxitoluol	E321
Säuerungsmittel	
Natriumtartrat	E335
Orthophosphorsäure	E338
Geschmacksverstärker	
Natriumguanylat	E627
Natriumglutamat	E621
Überzugsmittel	
Benzoeharz	E906
Glyzerinester des Kolophoniums	E915

Manche Allergene werden durch Kochen zerstört. Das ist besonders bei Obst und Gemüse der Fall. So kann es sein, daß frisches Obst nicht vertragen wird, eingemachtes aber sehr wohl.

Diagnose und Behandlung von Allergien fordern vom Patienten oft sehr viel Durchhaltevermögen.

Allergie – eine vielfältige Krankheit

Allergien sind komplizierte, langwierige und meist chronische Erkrankungen. Ihre Behandlung erfordert sowohl vom Patienten als auch vom Arzt eine Menge Geduld. Es gibt keine einfache Therapie, die für jeden Allergiker gleich gut wäre. Medikamente, Anwendungen und Verhaltensempfehlungen müssen immer individuell auf den einzelnen Patienten und seinen Krankheitsverlauf abgestimmt werden. Das bedeutet aber, daß der Arzt nicht sofort das richtige Mittel findet, das den Patienten schnell wieder gesund macht.

Die wichtigste Hilfe gibt der Patient sich selbst, indem er sich und seine Symptome genau beobachtet und analysiert. Daraus ergeben sich wichtige Hinweise, die dem Arzt einen Weg durch den Dschungel der Möglichkeiten weisen.

Geduld und nochmals Geduld

Oftmals müssen verschiedene Methoden ausprobiert werden. Arzt und Patient müssen häufig über lange Zeit zusammenarbeiten, wenn wirklich geholfen werden soll.
Allergiker erleben natürlich immer wieder Enttäuschungen. Sie gehen zum Arzt, werden untersucht, bekommen Medikamente, werden aber ihre Beschwerden oft nicht auf Anhieb los, oder die Krankheitserscheinungen verschwinden rasch, kommen aber schon kurze Zeit später wieder. Kein Wunder, wenn Patienten dann das Vertrauen in die konventionelle Medizin verlieren und sich alternativen Heilern zuwenden.

Vorsicht bei Außenseitermethoden

Einige dieser sogenannten Außenseitermethoden (siehe »Alternative Heilmethoden«, Seite 79) können in der Allergiebehandlung durchaus beachtenswerte Erfolge vorweisen.

Mißtrauen ist aber grundsätzlich angesagt, wenn schnelle und umkomplizierte Heilung versprochen wird oder wenn selbstgebraute Medikamente mit Sofortwirkung angeboten werden. Diese Individualarzneimittel unterliegen nicht der staatlichen Aufsicht. Sie werden nicht geprüft, Inhaltsstoffe, Wirkungen und Nebenwirkungen nicht untersucht.

- Häufig werden diese Mittel sogar unter dem Label »natürlich, pflanzlich, öko« angeboten. In Stichproben wurde aber immer wieder festgestellt, daß viele dieser Wundermittel chemische Zusätze oder hohe Dosen des Hormons Kortison enthalten. Das ist zwar ein hochwirksamer Stoff, der auch in der konventionellen Medizin angewandt wird, Kortikoide können jedoch bei unsachgemäßer Dosierung und Anwendung zu schwerwiegenden Nebenwirkungen führen.

Werden Sie zum Spezialisten Ihrer eigenen Allergie. Je mehr Sie über sich und Ihre Krankheit wissen, um so leichter wird es Ihnen auch fallen, die Qualifikation Ihres Therapeuten zu beurteilen.

Den Therapeuten sorgfältig auswählen

Leider ist der Markt an Wunderheilern und ihren Methoden riesengroß und wächst ständig. Dazu sollte man wissen, daß in Deutschland die Bezeichnung »Therapeut« nicht gesetzlich geschützt ist. Das führt dazu, daß jeder sich so nennen kann, auch ohne ausreichende Ausbildung und Qualifikation. Man sollte also immer genau überprüfen (oder nach der Ausbildung fragen), in welche Hände man sich mit seinem Leiden begibt. Ärzte hingegen unterliegen für ihre Berufsausübung präzise vorgegebenen Zulassungsbestimmungen.

Bei den übrigen (sogenannten nichtärztlichen) Heilberufen gibt es diese Bestimmungen zum Teil überhaupt nicht oder in sehr viel geringerem Ausmaß. Das muß nun nicht heißen, daß alle nichtärztlichen Heiler Scharlatane wären. Es gibt in allen Berufszweigen seriöse und verantwortungsbewußte Therapeuten. Für den medizinischen Laien ist es aber sicher schwierig, die Spreu vom Weizen zu trennen. Vorsicht ist geboten, wenn Sie schon im voraus kräftig zur Kasse gebeten werden oder Ihnen sofortige Heilung versprochen wird.

Welcher Arzt ist zuständig?

Man kann sich viel Ärger, Enttäuschung und im schlimmsten Fall auch zusätzliches Leid ersparen, wenn man sich beim Verdacht, an einer Allergie zu leiden, sofort an einen Spezialisten wendet. Im Rahmen der europäischen Einigung soll ein Facharzt für Allergologie etabliert werden. Bisher gibt es diesen Allergiefacharzt in Deutschland nicht. Allergiespezialisten sind vielmehr Ärzte verschiedener Fachdisziplinen, die eine Zusatzausbildung in Allergologie haben (was dann so auf dem Türschild steht). Adressen kann man über die Ärztekammern erfahren.

Spezialisten für Allergien gibt es in verschiedenen Fachgebieten. Allergologen findet man häufig unter Internisten, Hautärzten, Hals-Nasen-Ohren-Ärzten und Pneumologen (Lungenfachärzten).

Zusatzbezeichnung »Allergologe«

Weil allergische Erkrankungen unterschiedliche Organe des Menschen betreffen, haben sich in Deutschland enstprechende Spezialisten organbezogen um diese Störung gekümmert. Nach einer Zusammenstellung der Dermatologischen Klinik und Poliklinik der Medizinischen Hochschule Hannover gab es Ende 1993 insgesamt 5096 Ärzte mit der Zusatzbezeichnung Allergologe. 4581 davon in den alten Bundesländern, 515 in den neuen. Es kommen jedes Jahr eine Vielzahl neuer Allergologen hinzu.

Zum geeigneten Facharzt gehen

Grundsätzlich ist jeder allergologisch ausgebildete Arzt in der Lage, die nötigen Tests durchzuführen und eine Behandlung einzuleiten. Wer an Heuschnupfen leidet, wird sich vermutlich beim HNO-Arzt (mit Zusatz »Allergologie«) am besten aufgehoben fühlen, wer allergische Darmstörungen hat, beim Internisten, wer unter Juckreiz leidet, beim Hautarzt, und Menschen mit allergischem Asthma beim Pneumologen, dem Lungenspezialisten.

Fachgebiete von Allergiespezialisten

- Innere Medizin und Pneumologie (Ärzte für innere Krankheiten und Lungenerkrankungen)
- HNO-Heilkunde (Ärzte für Hals-Nasen-Ohren-Krankheiten)
- Dermatologie (Ärzte für Hautkrankheiten)
- Pädiatrie (Kinderheilkunde)
- Allgemeinmedizin (häufig der sogenannte Hausarzt)
- Ohne Fachgebiet

Mit allergiekranken Kindern wenden Sie sich am besten zuerst einmal an einen Kinderarzt, der Sie dann an den entsprechenden Spezialisten verweisen wird.

Ebenso zahlreich wie Allergene und die allergischen Symptome sind die ärztlichen Fachgruppen, in denen man Allergiespezialisten findet. Das ist besonders deswegen wichtig, weil die Symptome an den verschiedensten Organen auftreten und entsprechend behandelt werden müssen.

Wie wird behandelt?

Ob eine Allergie wirklich und endgültig heilbar ist, darüber streiten sich die Experten. Trotzdem muß ein Allergiker nicht unbedingt fürchten, sein Leben lang unter dieser Krankheit zu leiden. Denn häufig verschwindet die Allergie nach einer Behandlung von selbst (sogenannte Spontanremissionen, die bis heute nicht genau erklärbar sind).
Außerdem gibt es die Möglichkeit, in bestimmten Fällen den Körper langsam an das Allergen zu gewöhnen, z.B. mit der sogenannten Hyposensibilisierung (siehe Seite 76). Häufig muß der Allergiker jedoch lebenslang aufpassen und zumindest vorübergehend Medikamente einnehmen, um beschwerdefrei zu bleiben.

Allergene vermeiden – wenn möglich

Das wichtigste Prinzip der Allergiebehandlung ist, die Überreaktion des Immunsystems und damit Schäden an den Organen zu verhindern. Die einfachste Methode ist die absolute

Allergenvermeidung. Kommt der Körper mit dem Allergen nicht in Berührung, kann das Immunsystem auch nicht überreagieren, es gibt keine Beschwerden, weitere Maßnahmen werden überflüssig.
Wie wir gesehen haben, ist bei den meisten Allergien diese Vermeidung aber nicht oder nicht vollständig möglich. Hinzu kommt, daß die Organe häufig bereits krank sind, ehe die Allergie überhaupt sicher diagnostiziert wird. Deshalb bleibt es kaum einem Allergiker erspart, sich einer aufwendigen und jahrelangen Therapie zu unterziehen.
Welche Methoden angewandt werden, hängt vom Erscheinungsbild der allergischen Erkrankung ab.

Allergische Hautkrankheiten

Allergische Hauterkrankungen sind meist sehr hartnäckig und kommen häufiger vor als gemeinhin angenommen wird. Besonders quälend ist bei ihnen der Juckreiz.

Typische, zum Teil weit verbreitete allergische Hauterkrankungen sind:

- Nesselsucht (medizinisch: Urtikaria)
- Qincke-Ödem (auch Angioödem genannt)
- Kontaktekzeme
- Neurodermitis

Die Nesselsucht (Urtikaria)

Symptome und Verlauf

- Die Nesselsucht äußert sich als aufschießende Quaddeln, Bläschen, Schwellungen oder Knötchen auf der Haut. Häufig juckt die Haut an den betroffenen Stellen sehr stark, manchmal brennt sie auch.
- Teilweise sind große Hautpartien oder gar der gesamte Körper betroffen, aber es kommt auch vor, daß die Quaddeln entlang des Verlaufs eines Nervs auftreten.
- Handelt es sich um einen akuten Schub, verschwinden die Hauterscheinungen spätestens innerhalb von sechs Wochen

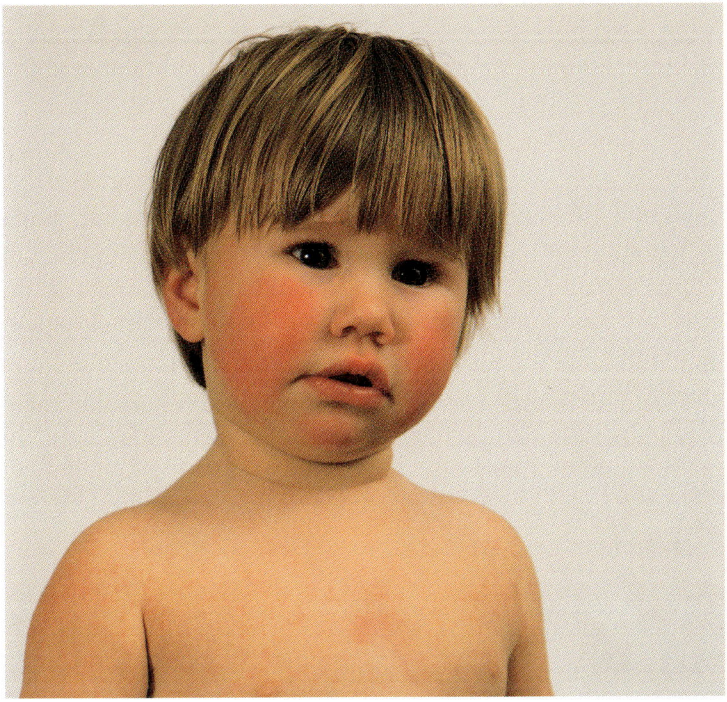

Tritt bei einem Kind, kurze Zeit nachdem es beispielsweise Erdbeeren oder Nüsse gegessen hat, ein stark juckender Hautausschlag mit kleinen Quaddeln und Bläschen auf, kann es sich durchaus um eine allergische Reaktion wie die Nesselsucht handeln.

wieder. Dauert das Leiden länger oder kommt es mit kurzen Pausen immer wieder, wird von einer chronischen Urtikaria gesprochen.

- Es ist möglich, daß während eines Urtikariaschubs auch zusätzlich zu den Hauterscheinungen leicht erhöhte Temperatur oder auch mäßiges Fieber auftritt. Der Volksmund spricht dann von einem Nesselfieber.
- Normalerweise sind keine bleibenden Hautschäden oder Narben zu befürchten. Es sei denn, die Bläschen werden aufgekratzt und infizieren sich dann. Dadurch können schon einmal kleine Narben zurückbleiben.
- Eine Sonderform der Nesselsucht ist die Urtikaria vaskulitis, bei der zu den oftmals tagelang bestehen bleibenden Hauterscheinungen Fieber und zum Teil erhebliche Gelenkschmerzen hinzukommen.

Auch die von vielen als unangenehm, aber harmlos angesehene Nesselsucht kann einen schweren Verlauf nehmen.

Auslöser

Als Auslöser einer akuten oder chronischen Nesselsucht kommen eine Vielzahl von Möglichkeiten in Betracht.

- In 50 bis 60 Prozent der Fälle läßt sich für die Urtikaria keine sichere Ursache finden. Im Fachjargon wird diese Form dann idiopathisch genannt.
- Rund 25 Prozent der Urtikariafälle werden zu den Pseudoallergien gezählt. Die Patienten reagieren hauptsächlich gegen Azetylsalizylsäure – das ist der Wirkstoff des Aspirins, abgekürzt ASS –, Konservierungsstoffe, Lebensmittelfarbstoffe oder Röntgenkontrastmittel.
- 15 Prozent der Urtikaria entstehen nach physikalischen Reizen auf der Haut wie beispielsweise Druck, Wärme, Kälte, UV-Strahlen und Wasser, oder sie werden durch starke körperliche Anstrengung hervorgerufen.
- Bei ungefähr fünf Prozent der Fälle steckt eine IgE-vermittelte Allergie gegen spezifische Antigene wie beispielsweise Blüten- oder Gräserpollen, Nahrungsmittel (Fisch, Nüsse, Milcheiweiß, Sellerie, Früchte) oder Arzneimittel (Antibiotika, Schmerzmittel) dahinter.

(Quelle: Allergie. Hrsg. H. Nolte. Dustri Verlag. Deisenhofen, 1991)

Wichtig

Wer auf eine bestimmte Substanz in einem Arzneimittel schon einmal allergisch reagiert hat – egal in welcher Form –, darf auf keinen Fall Medikamente einnehmen, die denselben oder einen chemisch verwandten Wirkstoff enthalten.

Behandlung

Falls der oder die Auslöser einer Nesselsucht nicht vermieden werden können, sind meist über einen mehr oder weniger langen Zeitraum Medikamente notwendig, die sogenannten Antihistaminika.

Diese Arzneimittel blockieren im Gewebe die Empfängerstellen (Rezeptoren) für das Gewebshormon Histamin. Es wird bei einer allergischen Reaktion ja vermehrt von den Mastzellen ausgeschüttet. Sind die Rezeptoren nun blockiert, kann das Histamin seine Wirkung nicht entfalten – damit kommt es zu keinen oder nur zu abgeschwächten allergischen Symptomen.

Das Qincke- oder Angioödem

Symptome und Verlauf

- Das Qincke-Ödem wird ebenfalls zu den Hauterkrankungen gezählt, auch wenn es zum Teil im Inneren des Körpers auftritt. Es wurde nach dem Kieler Arzt Dr. Heinrich I. Quincke (1842 bis 1922) benannt.
- Dabei entstehen durch eine Überempfindlichkeitsreaktion im Unterhautgewebe (Subkutis) unterschiedlich stark ausgedehnte Wasseransammlungen, die zu Schwellungen führen. Am häufigsten sind das Gesicht und die Augen betroffen. Es kommt dabei zu teilweise sehr entstellenden, massiven Ödemen. Die Gliedmaßen und der Genitalbereich (besonders der Hoden) sind seltener betroffen.

Auch im restlichen Körper kann es zu diesen Schwellungen kommen:

- Im Magen-Darm-Trakt: Das Ödem führt zu krampfartigen Schmerzen, Erbrechen oder Durchfall
- In der Brusthöhle (selten): Die Folgen sind Atemnot, Brustschmerzen oder Husten
- Im Zentralnervensystem: Es kann zu Krampfanfällen und Lähmungserscheinungen kommen
- Am Kehlkopf: Hier ist das Quincke-Ödem am gefährlichsten! Wenn der Schlund oder der Kehlkopfdeckel anschwillt besteht akute Lebensgefahr durch Ersticken.

Auslöser

Das Quincke-Ödem kann vererbt oder erworben sein. Im zweiten Fall können unterschiedliche Allergien als Ursache zugrunde liegen. Gelegentlich handelt es sich auch um Unverträglichkeiten (Pseudoallergien), physikalische Reize, Krankheiten des Immunsystems und Sonderformen der Nesselsucht. Am häufigsten tritt das Ödem nach Verletzungen auf oder bei Streß und Angstzuständen. In manchen Fällen läßt sich keine Ursache feststellen (idiopathisch).

Wenn die Schwellungen länger bestehen oder sehr ausgedehnt sind, gehören sie in eine fachlich kompetente Behandlung. Tritt Atemnot oder Engegefühl im Hals auf, muß sofort der Notarzt verständigt werden.

Vielfach werden Kontaktekzeme von bestimmten Kleidungsstücken ausgelöst. Ursache hierfür sind Farbstoffe oder Substanzen, die den Stoff glänzend machen oder ihm andere besondere Eigenschaften verleihen.

Behandlung

Beim vererbten Angioödem helfen im akuten Anfall Plasmaspritzen oder -Infusionen mit Hemmstoffen für bestimmte Enzyme (sogenannte Esterasehemmer). Zur vorbeugenden Behandlung können Medikamente notwendig werden, die die Ausschüttung bestimmter Hormone der Hirnanhangsdrüse hemmen. Wegen der Nebenwirkungen ist allerdings eine genaue Überwachung der Behandlung durch den Arzt notwendig.

Das Kontaktekzem

Symptome und Verlauf

- Ein Kontaktekzem zeigt sich als entzündliche, meist stark juckende Hautveränderung. Es tritt fast immer dort auf, wo die Haut des Patienten mit einem entsprechenden Allergen in Berührung gekommen ist.
- Die Hautpartie kann sich stark röten und anschwellen, oder es bilden sich mit Flüssigkeit gefüllte Bläschen oder Blasen, die aufplatzen, eventuell eitern und Krusten bilden. Beim Abheilen schuppt sich die Haut dann oftmals.
- Kontaktekzeme erscheinen in akuter und chronischer Form. Sind sie wegen häufigem Allergenkontakt chronisch geworden, verändert sich die Haut an den betroffenen Stellen dauerhaft: Sie ist entzündlich verdickt, vergröbert und stärker verhornt. Der Arzt bezeichnet dies mit dem Fachausdruck Lichenifikation.
- Am häufigsten treten Kontaktekzeme an den Händen auf, sie sind aber auch an allen übrigen Körperstellen möglich.
- Auch beim Kontaktekzem gibt es Sonderformen wie das dyshidrotische Handekzem, das sich durch stark juckende Bläschen an den Fingern äußert, die in zeitlichen Abständen immer wieder auftreten, oder das sogenannte Streuekzem, bei dem sich die Haut an Stellen entzündet, die überhaupt nicht mit dem Allergen in Berührung gekommen sind.

Auslöser
Das Kontaktekzem gehört zum verzögerten Allergietyp IV, dem sogenannten Spättyp (siehe Seite 14)
Auslöser können alle Allergene sein, mit denen der Patient in Berührung kommt: Metalle (am häufigsten Nickel, etwa in Armbanduhren, in Schmuck oder Knöpfen), Wasch- und Kosmetiksubstanzen, Stoffe, mit denen bei der Arbeit oder im Haushalt hantiert wird. Das Kontaktekzem gehört zu den häufigsten Berufskrankheiten.

Behandlung
Erstes Gebot ist, das auslösende Allergen strikt zu meiden. Oft ist dies lebenslang notwendig, weil das Immunsystem über ein Gedächtnis verfügt und sich über lange Zeit seine Feinde merken kann. Da eine völlige Vermeidung des Allergens meist nicht möglich ist, wird dieses Gedächtnis immer wieder aufgefrischt.
Bei beruflich bedingten Allergien kann das für den betroffenen Patienten unter Umständen als letzte Möglichkeit einen Berufswechsel bedeuten.
Die Symptome des akuten Kontaktekzems lassen sich mit Kortikoidpräparaten (Salben, Cremes, Tinkturen) mildern. Wegen der Nebenwirkungen kann diese Behandlung allerdings nicht beliebig lange durchgeführt werden. Auch Teer- oder Fettpräparate können helfen.

TIP
Umschläge mit milden Heilkräutern wie Malve und Kamille wirken lindernd bei Hautekzemen. Kochen Sie dazu aus den Kräutern einen starken Tee, und feuchten Sie damit ein Leinentuch an. Legen Sie es noch warm für zwei Stunden auf die betroffene Hautstelle.

Die Neurodermitis

Symptome und Verlauf
- Diese auch als atopische Dermatitis, endogenes oder konstitutionelles Ekzem bezeichnete Erkrankung ist besonders stark verbreitet und sehr kompliziert. Bis heute ist ihre Entstehung nicht bekannt, und es liegt auch kein einheitliches Krankheitsbild vor. In jedem einzelnen Fall kann diese Krankheit anders verlaufen und helfen andere Mittel dage-

Im sechsten Lebensjahrzehnt verschwindet die Neurodermitis häufig. Das ist für die Betroffenen jedoch nur ein schwacher Trost.

gen. Sehr häufig beginnt die Neurodermitis bereits im Säuglingsalter als Milchschorf am Kopf oder im Gesicht.

- Später breitet sie sich fast immer über den ganzen Körper aus, wobei Armbeugen, Kniekehlen, Achselhöhlen, Hals und Rücken meist besonders stark betroffen sind. Die ständig juckende Haut quält die Patienten oft bis zum Verzweifeln. Es ist das größte Problem der Neurodermitis für die Betroffenen.
- Oft ist die Haut trocken, schuppig, manchmal (besonders wenn gekratzt wurde) entzündet. Es besteht eine ausgesprochene Neigung zu Hautinfektionen.
- Die Neurodermitis ist fast immer mit verschiedenen Allergien und allergischen Erkrankungen verbunden. Allerdings können das bei jedem Patienten andere sein. Relativ häufig handelt es sich um Nahrungsmittelallergien oder Unverträglichkeiten – die sogenannten Pseudoallergien – hauptsächlich gegen Milch- und Hühnereiweiß, aber auch gegen andere Lebensmittel oder Lebensmittelzusätze wie Farb- oder Konservierungsstoffe.

Auslöser

Sie sind so unterschiedlich, wie sich auch die Krankheit selbst zeigt. Liegen gleichzeitig Allergien vor, können die entsprechenden Allergene auch den Zustand der Haut verschlimmern.

Gezielte Behandlung lindert den Juckreiz

- Regelmäßiges Eincremen mit leicht fettenden Salben
- Statt Seife rückfettende, ölige Wasch- und Badezusätze verwenden
- Nicht zu häufig waschen oder baden
- Bei akuten Schüben helfen Teer- oder (falls nötig) Kortisonpräparate
- Manchmal sind gegen den Juckreiz Beruhigungsmittel notwendig (Antihistaminika helfen nicht immer)

Bei manchen Patienten treten die Hauterscheinungen im Herbst und Winter verstärkt auf. Staub, Hitze, Kleidung aus Wolle, Seife und andere Toilettenartikel können ebenfalls den Juckreiz verstärken. Streß, körperliche Anstrengung, Ärger oder Infektionen können genauso zur Verschlimmerung der Krankheit führen wie der Kontakt mit Haustieren.

Behandlung

Die Behandlung hat eine vorbeugende und eine therapeutische Basis. Vorbeugend sollte alles vermieden werden, was die Krankheit verschlimmern kann (sobald es im Einzelfall bekannt ist): Wollkleidung, Haustiere, bestimmte Nahrungsmittel (hauptsächlich Kuhmilcheiweiß), anstrengende physische oder psychische Lebensweise, schwitzen (verstärkt den Juckreiz).

Therapeutisch kommt es vor allem darauf an, den Juckreiz zu verhindern. Klimakuren an der Nordsee oder im Hochgebirge können Besserung bringen. Gelegentlich helfen auch UV-Bestrahlungen. Letztlich muß jeder Patient gemeinsam mit dem Arzt die für ihn richtige Therapie und Vorbeugung herausfinden.

Frische Luft, angenehme Temperaturen und mäßige UV-Strahlung verbessern die Hauterscheinungen bei Neurodermitikern. Deshalb geht es ihnen im Sommer meist besser als im Winter.

Allergische Krankheiten an Augen, Hals, Nase, Ohren

Viele Allergien äußern sich vorwiegend als Erkrankungen im Hals-Nasen-Ohren-Bereich.

Heuschnupfen

Symptome und Verlauf

- Richtiger heißt das Phänomen Pollinosis oder Pollenkrankheit. Der Fachausdruck lautet allergische Rhinitis.
- Die Krankheit äußert sich ähnlich wie eine virusbedingte

Manche Patienten sind nur auf wenige Pollen allergisch, während andere auf nahezu alles, was blüht, reagieren.

Erkältung durch Anschwellen der Nasenschleimhäute und dadurch verursachte verschlechterte Nasenatmung.

- Außerdem leiden die Patienten unter einem meist wässrigen Fließschnupfen (die Nase läuft ständig). Es kommt zu heftigen Niesattacken.
- Fast immer treten in Verbindung mit der Pollinosis noch weitere Symptome am Auge oder im HNO-Bereich auf, oder sie werden davon beeinflußt.

Weitere Heuschnupfensymptome

- **Allergische Bindehautentzündung (Konjunktivitis)**
  Sie äußert sich durch Jucken, Brennen, Rötung und Tränen der Augen.
- **Geschwollene Augenlider**
  Die Augenlider jucken und brennen dabei häufig.
- **Entzündung der Nasennebenhöhlen (Sinusitis)**
  Normalerweise sind sie mit Kopfschmerzen und starkem Druck im Nasenbereich verbunden. Bei der allergischen Sinusitis kann es jedoch vorkommen, daß keine Symptome auftreten und die Erkrankung erst durch eine genaue Untersuchung beim HNO-Arzt entdeckt wird. Eine Behandlung ist jedoch erforderlich, da die ständige Entzündung ein Nährboden für Bakterien ist, die eine schwere Vereiterung auslösen können.
- **Allergische Kehlkopfentzündung (Laryngitis)**
  Typische Anzeichen sind pfeifender Atem, Heiserkeit, Rötungen und Schwellungen. Schwillt der Kehlkopfbereich rasch an (wie etwa bei einer Insektenstichallergie), kann das sehr gefährlich werden. Erstickungsgefahr!
- **Allergische Mittelohrentzündung**
  Sie geht über die Eustachischen Röhren, über die die Ohren mit dem Nasenrachenraum verbunden sind, aus; meist auf der Grundlage eines allergischen Schnupfens. Normalerweise ist sie nicht schmerzhaft sondern fällt dem Arzt nur durch eine genaue Untersuchung auf. Bemerkbar macht sie sich für den Patienten durch plötzliche Schwerhörigkeit.

Auslöser

Allergien im Nasenrachenraum und am Auge gehören zum Typ I, dem Soforttyp, und zu Typ IV, dem verzögerten Typ (siehe dazu auch »Verschiedene Allergietypen«, Seite 12ff.). Diese Allergien werden fast immer durch sogenannte Inhalationsallergene ausgelöst. Das sind Allergene, die durch die Luft fliegen und vom Patienten eingeatmet werden.

Es handelt sich in erster Linie um Pollen von Gräsern, Bäumen, Büschen oder Getreide – sie lösen die saisonalen allergischen Erkrankungen aus, weil sie nur zu bestimmten Zeiten blühen (siehe auch Pollenkalender hintere Umschlaginnenseite).

Es gibt aber auch nichtsaisonale Inhalationsallergene:

- Staubteilchen
- Haare und Hautpartikel von Tieren
- Im Arbeitsprozeß freiwerdende Stoffe, wie z.B. Sägemehl oder Mehl in einer Bäckerei

Gelegentlich können auch Nahrungsmittel oder Kontaktallergene (wie etwa nickelhaltiger Schmuck am Ohr, Kosmetika am Auge) zu Reaktionen im HNO- oder Augenbereich führen.

Behandlung

Ist eine Allergenvermeidung nicht oder nur teilweise möglich (etwa bei starkem Pollenflug), kommt eine Behandlung mit antiallergischen Medikamenten, beispielsweise mit dem nebenwirkungsarmen Wirkstoff Cromoglizinsäure, in Betracht. Außerdem können Antihistaminika eingesetzt werden, die die Reaktionen des Körpers auf den im Allergieanfall vermehrt ausgeschütteten Botenstoff Histamin verhindern oder zumindest abschwächen. In schweren Fällen kann eine Behandlung mit kortisonhaltigen Präparaten nötig werden. Bei den Allergien vom Typ I ist auch eine Hyposensibilisierungsbehandlung (siehe Seite 76) möglich.

Der Anstieg der Heuschnupfenerkrankungen, auch bei Personen ohne erbliche Vorbelastung, wird auf die ständig wachsende Umwelt- und Luftverschmutzung zurückgeführt.

Allergische Erkrankungen der Lunge

Mit einem einfachen Meßgerät, dem Peak-Flow-Meter, können Sie auch zu Hause feststellen, wie sehr Ihre Atmung behindert wird. Das hilft Ihnen, die verschriebenen Medikamente gezielt einzusetzen.

Erkrankungen der Lunge und speziell der Bronchien sind besonders unangenehm, da sie häufig Atemnot und Erstickungsanfälle hervorrufen.

Allergisches Asthma bronchiale

Symptome und Verlauf

- Das allergische Asthma tritt anfallsweise auf und zeigt sich durch starken Husten und Atemnot. Definiert wird Asthma bronchiale als Verstopfung der Atemwege durch glasig-zähen, dickflüssigen Schleim, der aufgrund eines überreagierenden Bronchialsystems entsteht. Der Schleim kann nicht oder nur sehr schwer abgehustet werden. Durch den ständigen Versuch, immer mehr Luft in die Lungen zu bekommen, wird die Lunge überbläht, und die kleinen Lungenbläschen kollabieren, so daß der Patient nicht mehr in der Lage ist, die eingeatmete Luft wieder richtig auszuatmen:
- Das allergische Asthma bronchiale ist vor allem bei Kindern und Jugendlichen verbreitet.
- Ein schwerer Asthmaanfall ist ein Fall für den Notarzt, denn wird der Anfall nicht rechtzeitig behandelt, kann er in einen sogenannten Status asthmatikus übergehen, der eine höchst kritische und lebensbedrohliche Situation darstellt.
- Wird das Asthma lange Zeit nicht ausreichend behandelt, besteht die Gefahr, daß es zu schweren und dauerhaften Lungenschäden kommt.

Auslöser

Grundsätzlich können beinahe alle Allergene ein Asthma bronchiale verursachen, vor allem aber Inhalationsallergene (wie beispielsweise Pollen, Staub, Gase, Dämpfe).

Wirkung von Asthmamedikamenten

- **Unterdrückung der Ausschüttung entzündungsfördernder Stoffe durch Stabilisierung der Mastzellen**
- **Hemmung der Freisetzung des Botenstoffes Histamin**
- **Entspannung der Bronchialmuskulatur**
- **Verflüssigung des glasig-zähen Schleims**

Asthmamedikamente werden in den meisten Fällen zum Inhalieren verabreicht. Es gibt jedoch auch Tabletten, Zäpfchen, Spritzen oder Infusionen.

Oft entsteht die Krankheit auch aus einem allergischen Schnupfen, falls dieser nicht rechtzeitig und ausreichend behandelt wurde.
Bei körperlicher Anstrengung (besonders in den Sommermonaten bei erhöhten Ozonwerten in der Luft), Streß und starken seelischen Belastungssituationen kann sich die Krankheit verschlimmern.

Behandlung
Die wichtigsten Ziele der Asthma-Behandlung sind die Verhinderung von Anfällen sowie die Normalisierung der Belastbarkeit und der Lungenfunktionen.
Leider haben all diese Medikamente Nebenwirkungen, zum Teil sehr schwere. Deshalb werden zusätzlich zur medikamentösen Behandlung gerade beim Asthma bronchiale Techniken und Therapien empfohlen, die die Beschwerden lindern und gleichzeitig den Medikamentenverbrauch reduzieren helfen. Das sind z. B.:
- Atemgymnastik und Atemübungen
- Entspannungstechniken wie etwa Autogenes Training
- Gesprächstherapien (um psychische Konflikte aufzudecken und zu bewältigen)

Auch in Selbsthilfegruppen (siehe Adressen auf Seite 94) läßt sich der Umgang mit der Krankheit erlernen.

Tip
Kann der erlernte Beruf aufgrund einer allergischen Erkrankung nicht mehr ausgeübt werden, ist eine Umschulung notwendig. Erkundigen Sie sich nach Förderungsmöglichkeiten durch die Arbeitsämter bzw. durch die Berufsgenossenschaften.

Viele Allergiker reagieren mit Asthma auf die berühmt-berüchtigten Hausstaubmilben. Inzwischen gibt es richtige Testsets, mit denen man eigene Staubproben auf seinen Milbengehalt untersuchen kann.

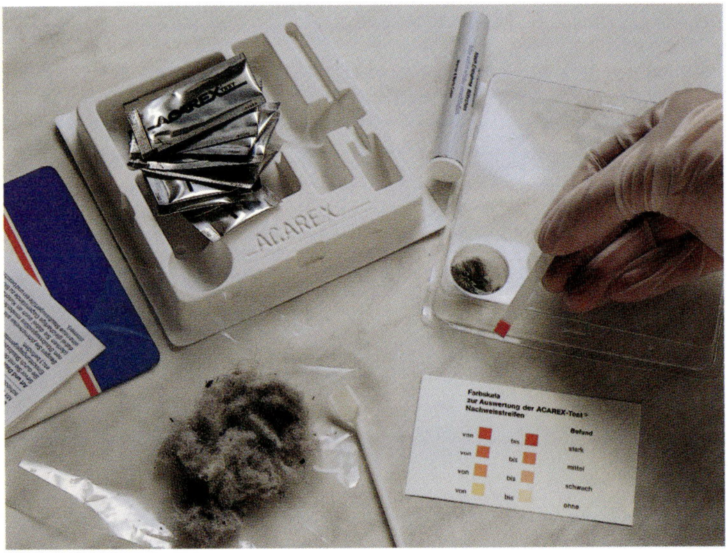

Wenn Sie Taubenzüchter sind, wenn sie Wellensittiche, Papageien oder andere Vögel halten und plötzlich beim Käfigreinigen Atemnot und Husten bekommen, könnte es sich um eine allergische Reaktion handeln.

Allergische Alveolitis

Symptome und Verlauf

Sie gehört zum Allergie-Typ III. Die Entzündung der Lungenbläschen (Alveolen) tritt vier bis acht Stunden nach dem Kontakt mit dem Allergen auf. Die Symptome sind:

- Schüttelfrost und Fieber
- Kopfschmerzen
- Atemnot und Husten

Kommt der Betroffene häufiger mit dem Allergen in Kontakt, entsteht oft schon nach kurzer Zeit eine Lungenfibrose, d.h. eine schwere Schädigung des Lungengewebes. Bekannt ist dieses Phänomen als Farmerlunge oder Vogelhalterlunge.

Auslöser

Als Auslöser der allergischen Alveolitis kommen folgende Allergene in Betracht:

- Schimmelpilze
- Staub aus Heu, Stroh oder Vogelkäfigen

- Teilchen von Tiermaterial (z. B. Vogelkot)
- Teilchen aus Klimaanlagen oder Luftbefeuchtern
- Ausdünstungen von Farben und Lacken

Behandlung
Wichtigste Maßnahme ist die absolute Allergenvermeidung. Häufig ist dazu sogar ein Berufswechsel notwendig. Akute Schübe werden hauptsächlich mit Kortisonpräparaten behandelt, um Veränderungen am Lungengewebe zu verhindern bzw. Rückbildungen zu erreichen.

Allergische Erkrankungen der Verdauungsorgane

Zum Verdauungstrakt gehören Mundhöhle, Speiseröhre, Magen, Dünndarm und Dickdarm. Allergische Erkrankungen dieser Organe werden meist hervorgerufen durch Nahrungsmittel, Nahrungsmittelzusatzstoffe, Medikamente oder andere Stoffe, die mit dem Verdauungstrakt in Berührung kommen. Es ist aber auch möglich, daß die allergischen Reaktionen durch Inhalationsallergene (etwa Pollen) ausgelöst werden oder daß sich Kontaktallergien (etwa gegen Nickel) auf den Verdauungstrakt auswirken. Die typischen Symptome können natürlich immer auch von anderen Krankheiten verursacht werden, weshalb eine genaue Untersuchung durch den Arzt notwendig ist.
Die allergischen Reaktionen treten in der Regel sofort auf und sind häufig anfallsartig. Es sind aber auch verzögerte Reaktionen möglich, wobei die Krankheitszeichen erst nach mehreren Stunden in Erscheinung treten. Insbesondere bei Nahrungsmittelallergien werden die Erkrankungen leicht chronisch, falls der Körper immer wieder mit dem Allergen in Berührung kommt, der Patient wiederholt Lebensmittel zu sich nimmt, die das oder die Allergene enthalten.

WICHTIG
Wenn Sie gegen Hühnereiweiß allergisch sind, ist Vorsicht geboten bei Impfungen gegen Grippe, Masern, Mumps, Röteln und Tollwut. Diese Impfstoffe werden aus Geflügelembryonen gewonnen.

Stomatitis – Entzündung der Mundschleimhaut

Symptome und Verlauf

- Die Stomatitis zeigt sich als Rötung und Ausschlag im Mund, manchmal sind auch Beläge zu sehen. Sie ist äußerst schmerzhaft und gelegentlich mit Fieber verbunden.
- Oft tritt die Stomatitis gemeinsam mit einer Zahnfleischentzündung (Gingivitis) auf. Häufig beschränkt sich die allergische Reaktion auf den Mundraum.

Weitere allergische Reaktionen des Mundes:

- Lippenentzündung (Cheilitis): Die Lippen schwellen an, röten sich, die Haut reißt ein, brennt und schmerzt.
- Entzündung der Zunge (Glossitis): Die Zunge fühlt sich rauh oder pelzig an, juckt, ist geschwollen oder brennt.

Krankheitssymptome im Verdauungstrakt müssen immer ärztlich abgeklärt werden. Allergie ist nur eine der möglichen Ursachen.

Pharyngitis – Rachenentzündung

Bei der Pharyngitis kann die Rachenregion anschwellen, jucken, brennen. Das Schlucken schmerzt unter Umständen sehr stark.

Ösophagitis – Entzündung der Speiseröhre

Ebenfalls zu Schluckbeschwerden und brennenden Schmerzen kommt es bei der Ösophagitis. Hier wird leider sehr selten eine allergische Reaktion als Ursache vermutet.

Gastritis – Magenschleimhautentzündung

Besonders unangenehm, weil sehr schmerzhaft und häufig ebenfalls nicht als allergisch erkannt, ist die Gastritis. Die Symptome der akuten Magenschleimhautentzündung sind:

- Unruhe
- Übelkeit, Würgereiz, Erbrechen
- Krampfartige Schmerzen

Symptome bei Allergien im Verdauungstrakt

- Verstopfung
- Durchfall
- Darmkrämpfe
- Blähungen
- Schmerzen oder Krämpfe im Oberbauch
- Erbrechen
- Völlegefühl (ohne viel gegessen zu haben)
- Appetitlosigkeit
- Übelkeit
- Sodbrennen
- Häufiges Aufstoßen
- Brennen und Schmerzen in der Speiseröhre
- Schwellungen im Rachenbereich, die von schmerzhaften Schluckbeschwerden begleitet sind
- Geschwollenes Zahnfleisch, Zahnfleischbluten, Schmerzen am Zahnfleisch
- Kribbeln, Schmerzen oder Schwellungen der Mundschleimhaut
- Brennen auf der Zunge
- Juckreiz, Kribbeln oder Schwellungen an den Lippen

Ist das Leiden chronisch geworden, äußert es sich meist in einem allgemeinen Unbehagen, häufiger Übelkeit, Völlegefühl und Appetitlosigkeit und in einem Nachlassen der Kräfte. Der Patient fühlt sich zunehmend schwächer.

Allergene können auch die Schleimhäute des Verdauungstraktes veranlassen, allergisch zu reagieren. Häufige Symptome sind Blähungen oder Durchfall.

Enteritis – Entzündung des Dünndarms

Zu den häufigsten allergischen Erkrankungen des Dünndarms zählt die Enteritis. Sie äußert sich in Bauchschmerzen, Blähungen und häufigen Durchfällen.

Kolitis – Entzündung des Dickdarms

Duchfall kann jedoch auch Zeichen einer allergisch bedingten Dickdarmentzündung (Kolitis) sein. Allerdings hat der Patient dabei normalerweise keine Schmerzen, der Duchfall ist schleimig-wäßrig. Die Kolitis kann sich aber auch in manchen Fällen als krampfartige Verstopfung zeigen.

Allergieauslöser des Verdauungstraktes

Hauptauslöser einer allergischen Reaktion des Verdauungstraktes sind Eiweißstoffe (Proteine) aus Nahrungsmitteln. Grundsätzlich kommt jedes Nahrungsmittel als Allergen in Frage. Einige sind jedoch als besonders allergieauslösend bekannt:

- Kuhmilch (meist bei Kindern, seltener bei Erwachsenen)
- Hühnerei
- Fisch
- Schaltiere (Muscheln, Krebse, Krabben etc.)
- Nüsse, Gewürze
- Sellerie
- Zitrusfrüchte
- Stärke und Gluten (das ist das Klebereiweiß im Getreide) im Mehl

Auf Nüsse, bestimmte Gewürze oder einige Obstsorten zu verzichten, fällt den meisten Allergikern nicht schwer. Leiden sie allerdings unter einer Allergie, beispielsweise gegen Hühner- oder Kuhmilcheiweiß, wird das Vermeiden des Allergens oft sehr schwierig.

Rohe Lebensmittel sind allergiegefährdender als gekochte. Zusätzlich gibt es eine ganze Reihe von Nahrungsmitteln oder Nahrungsmittelbestandteilen, die zwar keine der bekannten allergischen Immunreaktionen auslösen, die jedoch zu gleichen oder ähnlichen Symptomen und Erkrankungen führen wie echte Allergene. Man spricht dann von einer Unverträglichkeit bzw. einer Pseudoallergie.
Insbesondere Zusatzstoffe in Lebensmitteln wie Farb- oder Konservierungsstoffe (sie sind mit E-Nummern gekennzeichnet) führen immer häufiger zu Pseudoallergien.

Behandlung

- Oberstes Gebot bei der Behandlung von Allergien im Verdauungstrakt ist die absolute Allergenvermeidung. Das kann für den einzelnen bedeuten, daß er – manchmal ein Leben lang – auf bestimmte Nahrungsmittel verzichten muß. Lösen verschiedene Speisen oder wichtige Grundnahrungsmittel (etwa Milch oder Brot) die Allergie aus, ist ein ausgeklügelter Diätplan notwendig. Denn die ausreichende Versorgung mit allen wichtigen Nährstoffen muß gewährleistet sein.

- Gelegentlich ist eine orale (das bedeutet durch den Mund) Hyposensibilisierung möglich. Dabei wird nach einer gewissen Karenz das allergieauslösende Nahrungsmittel vorsichtig wieder eingenommen. Das darf nur unter Anleitung eines Spezialisten geschehen. Erfolgreich ist diese Methode z.B. bei Kindern, die an einer Kuhmilcheiweißallergie leiden. Oft vertragen sie die Milch dann nach einer etwa fünfjährigen Karenzzeit wieder. Bei Erwachsenen funktioniert das leider meistens nicht so gut.
- Um allergische Schübe im Verdauungstrakt zu vermeiden, können auch Medikamente eingenommen werden. Etwa das Antiallergikum Cromoglizinsäure oder verschiedene Antihistaminika. Kortisonhaltige Präparate werden nur in ganz seltenen Fällen verordnet.

Ernährungsrichtlinien für Milchallergiker

ERLAUBT	VERBOTEN
• **Getränke** Kaffee, Tee, Mineralwasser, Fruchtsäfte, Bier, Wein • **Brot** Milchfreie Brotsorten, Brötchen, Knäckebrot	• **Milch** Alle mit Milch hergestellten Speisen und Produkte wie Rahm, Milchkakao, Joghurt, Käse, Quark
• **Speisen** Fleisch, Gemüse, Kartoffeln, Reis, Salate, Obst, Marmelade, Honig (kein Kunsthonig) • **Fette** Pflanzenöl, Olivenöl, Butter (keine Margarine)	• **Fertiggerichte** Eierspeisen, Kekse, Kuchen, Schokolade, Gebäck, Pralinen, Karamelbonbons, Fertigsaucen, Mayonnaise, Senf, Wurstwaren, Nudeln, Pasteten u.v.m.

TIP

Wenn Sie wissen, daß Sie Allergiker sind und mit schweren Reaktionen zu rechnen ist, sollten Sie immer ein Notfallset bei sich haben. Ihr Arzt wird Ihnen die nötigen Medikamente dazu verschreiben und Ihnen deren Anwendung genau erklären.

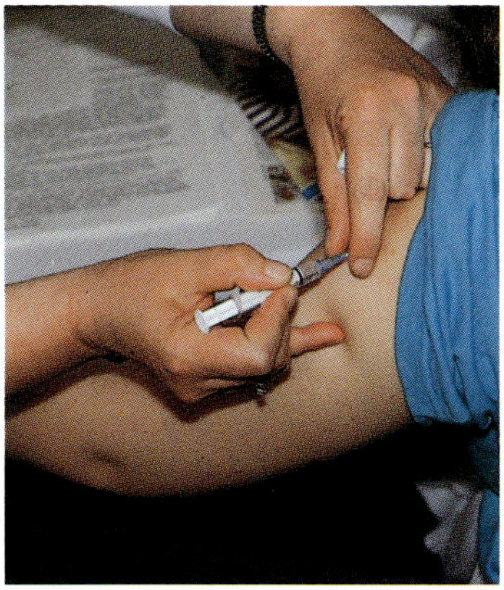

Eine kleine, schmerzlose Spritze kann viele Patienten von ihrer Allergie befreien.

Hyposensibilisierung

Diese Behandlungsform beruht auf folgender Idee: Indem man dem Körper zuerst winzige Mengen des Allergens zuführt und diese dann langsam steigert, gewöhnt er sich daran und reagiert irgendwann nicht mehr allergisch. Tatsächlich klappt dies auch in über der Hälfte der Fälle – die Erfolgsrate beträgt 60 bis 90 Prozent.
Die Hyposensibilisierung ist dennoch umstritten, da sie

- Nicht immer durchzuführen ist
- Kompliziert anzuwenden ist
- Äußerst langwierig ist (in der Regel dauert sie drei Jahre)
- Gefährlich werden kann, falls Fehler gemacht werden (massive allergische Reaktionen bis zum Schock)

Viele Patienten werden leider durch die Hyposensibilisierung nicht für immer von ihren Allergien befreit. Manchmal treten bereits nach fünf Jahren dieselben Allergien auf.

Wann ist eine Hyposensibilisierung möglich?

Grundsätzlich nur bei IgE-vermittelten Allergien vom Soforttyp I (siehe Seite 12). Die Behandlung ist sinnvoll :

- Wenn eine sichere Vermeidung des Allergens nicht möglich ist. Das trifft beispielsweise häufig bei Pollenallergien oder bei Insektengiftallergien zu (hauptsächlich Biene und Wespe) und natürlich bei der Hausstauballergie durch die Ausscheidungen der Hausstaubmilbe
- Falls andere Behandlungsmethoden, die bereits vorher versucht wurden, nicht mehr ausreichen
- Wenn die Krankheitserscheinungen sich von Anfall zu Anfall verschlimmern
- Wenn das Allergen genau bekannt ist.

Wenn es nicht möglich ist, die Allergene zu vermeiden, weil sie einfach überall vorkommen, kann man über die Möglichkeit der Hyposensibilisierung nachdenken.

Die Hyposensibilisierung kann nicht durchgeführt werden:
- Während einer Schwangerschaft
- Falls der Patient an allergisch bedingten Infektionskrankheiten leidet
- Falls der Patient an anderen schweren Erkrankungen leidet wie Rheuma, Tuberkulose, Hepatitis (Leberentzündung), Schilddrüsenerkrankungen
- Falls der Patient mit Medikamenten zur Unterdrückung des Immunsystems (sogenannte Immunsuppressiva) oder mit Beta-Blockern behandelt wird.

Wie geht die Behandlung vor sich?

Meist wird in einer erscheinungsfreien Zeit mit der Hyposensibilisierung begonnen. Der Arzt spritzt erst winzige Mengen eines (möglichst reinen) Allergenextrakts am Oberarm unter die Haut. Diese Prozedur wird in regelmäßigen Abständen wiederholt (ein- bis zweimal pro Woche). Die Dosis wird langsam und individuell gesteigert, bis der Patient keine Reaktionen mehr auf das Allergen zeigt. Normalerweise dauert die Behandlung etwa drei Jahre.

WICHTIG
Der Arzt entscheidet, ob eine begonnene Hyposensibilisierung auch während der Schwangerschaft fortgesetzt werden darf oder nicht. Auf keinen Fall sollte bei bestehender Schwangerschaft eine solche Behandlung begonnen werden.

Welche Risiken gibt es?

Bei hochsensibilisierten Menschen kann diese Behandlungsform bereits schwere allergische Reaktionen bis hin zum anaphylaktischen Schock auslösen. Deshalb ist es unabdingbar, daß die Hyposensibilisierung von einem versierten Arzt durchgeführt wird, der auch in der Schockbehandlung geschult und für den Notfall entsprechend ausgerüstet ist.
Nach jeder Einzelbehandlung sollten mindestens 30 Minuten Beobachtungszeit in der Praxis eingeplant werden, um mögliche Reaktionen sofort behandeln zu können. Am Behandlungstag sind körperliche Anstrengung, heiße Duschen und Alkohol zu vermeiden.

Hilfe für Insektenstichallergiker

Bei einer schweren Allergie gegen Bienen- und Wespengift wird eine Hyposensibilisierungsbehandlung allgemein empfohlen, da die Reaktionen auf einen Stich ausgesprochen gefährlich werden können und sich der Patient außerdem nicht sicher vor einem Stich schützen kann.

Wer auf Bienenstiche oder Ameisenbisse allergisch reagiert, muß auch bei der Anwendung bestimmter Rheumasalben vorsichtig sein, da diese Substanzen ebenfalls Allergien auslösen können.

Typische Reaktionen sind:

- Schmerzhafte Schwellungen an der Einstichstelle, die größer als zehn Zentimeter im Durchmesser sind und länger als 24 Stunden anhalten
- Nesselsucht (Urtikaria) am ganzen Körper, plötzliche Rötung der Haut, Juckreiz
- Juckreiz oder Kribbeln auf der Zunge oder im Rachenraum
- Quincke-Ödem
- Übelkeit, Brechreiz, Bauchkrämpfe
- Engegefühl in der Brust, Schwindel, Herzrhythmusstörungen
- Atemnot, Kreislaufkollaps, Atemstillstand
- Anaphylaktischer Schock, kann unter Umständen lebensbedrohlich werden

Der Winter – die geeignete Zeit

Die Hyposensibilisierung kann ambulant, über einen längeren Zeitraum erfolgen (unter strenger ärztlicher Überwachung), immer außerhalb der Insektenflugzeit.

Bei besonders gefährdeten Menschen mit schwersten Reaktionen ist auch eine Schnellhyposensibilisierung möglich. Die Anfangsdosis wird innerhalb weniger Tage rasch erhöht. Der Patient muß dafür allerdings in die Klinik. Die Erfolgsrate bei der Insektengifthyposensibilisierung beträgt etwa 90 Prozent.

Alternative Heilmethoden

Das Angebot an alternativen Heilern und Heilmethoden ist heute verwirrend groß. Ein grundsätzliches Problem der meisten dieser Methoden besteht darin, daß ihre Wirksamkeit oder die Wirkzusammenhänge entweder wissenschaftlich überhaupt nicht untersucht sind oder nicht nachgewiesen werden können. Es gibt also keine Qualitätskontrolle. Ein eklatanter Mangel, wenn man bedenkt, daß es bei Heilmethoden ja nicht um irgendeine Dienstleistung geht, sondern um die Gesundheit, ja das Leben von Menschen.

Kritische Distanz

Mißtrauen ist also grundsätzlich angebracht, wenngleich alternativ nicht unbedingt unseriös heißen muß. Gerade bei Allergien, bei denen noch viele Erkenntnisse fehlen und viele Wirkzusammenhänge nicht bekannt sind, ist es durchaus möglich, daß eine alternative Methode im Einzelfall Linderung bringt. Auch in der Schulmedizin stellt es sich bei allergischen Krankheiten oftmals heraus, daß Patienten auf unterschiedliche Behandlungsmethoden verschieden ansprechen.
Die Gefahr bei alternativen Angeboten ist häufig, daß man als Laie nicht beurteilen kann, was genau mit einem geschieht, welche Substanzen z.B. in extra gemischten Medikamenten enthalten sind und ob die Behandlung letztlich nicht mehr schaden als nützen wird. Einige alternative Therapien aus der Erfahrungsmedizin haben sich aber – unterstützend zur schulmedizinischen Therapie – als durchaus wirkungsvoll bei der Behandlung von Allergien herausgestellt.

Die Elektroakupunktur am Ohr ist eine schmerzlose und wirkungsvolle Behandlung.

Alternative Heilmethoden helfen vielen Patienten. Es ist jedoch nicht immer ganz einfach zu entscheiden, welche Therapie man bevorzugen soll und welcher Therapeut kompetent ist.

Arm an Nebenwirkungen – Phytotherapie

Dieser Zweig der Naturheilkunde basiert auf der Pflanzenkunde (Phyto = Pflanze, Gewächs). Hier werden zur Behandlung von Krankheiten Pflanzenbestandteile – Blätter, Wurzeln, Blüten, Früchte, Rinde – bzw. die darin enthaltenen Wirkstoffe verwendet. Ein Nachteil kann sein, daß die Wirkstoffe der Pflanzen manchmal nicht exakt zu dosieren sind. Vorteil ist jedoch, daß diese Wirkstoffe bzw. Wirkstoffkombinationen meist wirklich erfolgreich und sehr arm an Nebenwirkungen sind.

Akupunktur

Diese mehrere tausend Jahre alte chinesische Heilmethode geht davon aus, daß der Mensch dann gesund ist, wenn alle Kräfte seines Körpers und seiner Psyche im Gleichgewicht sind. Angenommen werden Energiebahnen und Energiepunkte auf der Haut, die mit allen inneren Organen in Verbindung stehen. Ist der Energiefluß irgendwo gestört, wird der Mensch krank.

Die Akupunktur hilft vielen Allergikern sehr gut. Auch wenn die Allergie nicht vollends verschwindet, tritt doch häufig eine bemerkenswerte Verbesserung ein.

Energieblockaden lösen

Durch Stimulation der Punkte (es gibt über 700) auf der Haut kann die Energieblockade aufgehoben und damit der Mensch wieder gesund werden. Wie diese Methode genau wirkt, ist weitgehend unbekannt. Tatsache ist – das wurde auch wissenschaftlich bewiesen –, daß die Akupunktur wirkt. Vor allem bei der Bekämpfung oder Ausschaltung von Schmerzen (etwa bei Geburten oder Operationen), aber auch in vielen anderen Bereichen wird sie bei uns erfolgreich eingesetzt. Akupunktur kann nur funktionelle Störungen wirksam behandeln. D.h., daß sie nur dann erfolgreich sein kann, wenn etwas gestört, nicht wenn etwas zerstört ist.

Behandlung

Bei Beschwerden werden Metallnadeln (Gold, Silber oder Stahl) an bestimmten Punkten an der Haut (vor allem Hände, Kopf, Beine, Füße oder Ohr) eingestochen. Die Behandlung muß meist mehrfach wiederholt werden. Es gibt auch die Möglichkeit einer Dauernadelung (meist am Ohr), bei der die Nadeln über mehrere Tage liegenbleiben.
Wichtig ist, daß der Akupunkteur gut ausgebildet ist und die richtigen Punkte sticht. Aus hygienischen Gründen, um Infektionen zu vermeiden, werden heute meist Einmalnadeln benutzt. Ist das nicht der Fall, müssen die Mehrfachnadeln gründlich sterilisiert werden.

Bei der homöopathischen Behandlung von Allergien muß man sehr vorsichtig vorgehen, da schon Spuren des Allergens das Immunsystem zur Reaktion veranlassen können.

Homöopathie

Begründer dieser Heilmethode ist der deutsche Arzt Samuel Hahnemann (1755 bis 1843). Er fand heraus, daß Substanzen, die bei Krankheiten heilend wirken, gesunde Menschen in der gleichen Form krank machen. So wirkt Chinin beim Kranken Fieber senkend, während es beim Gesunden aber Fieber auslöst. Er postulierte daraus den Grundsatz, daß Ähnliches mit Ähnlichem geheilt werden kann – also mit Medikamenten, die ähnlich wirken wie das Krankheitsbild aussieht.

Ganzheitliche Betrachtung des Menschen

Allerdings wird das Krankheitsbild in der Homöopathie grundsätzlich anders definiert, als in der übrigen Medizin. Die klassische Homöopathie betrachtet nicht einzelne Krankheiten oder Symptome, die bei einem Menschen behandelt werden müssen, sondern sie geht von einem (ganzen) Menschen mit Gesundheitsproblemen aus. Das bedeutet: Es wird nicht die Krankheit behandelt, sondern der gesamte Mensch.

Die Homöopathie geht auf die individuellen Merkmale eines jeden Patienten ein. Deshalb sind hier ausführliche Gespräche mit dem Arzt und ein genaues Beobachten aller körperlichen Reaktionen besonders wichtig.

- Für jeden Menschen gibt es passende Mittel, die seine inneren Kräfte mobilisieren und ihn wieder gesund machen. Diese Mittel werden vor allem aus Pflanzen, Mineralien und Metallen gewonnen. Es kommt dabei auf die richtige Herstellung und Dosierung an.
- Die Grundsubstanz wird jeweils in Zehnerpotenzen verdünnt. Die Substanz muß in einer bestimmten Form verschüttelt werden – der Fachausdruck heißt potenzieren. Die so potenzierte Lösung wird dann wieder verdünnt, bis zu Verdünnungsgraden, in denen eigentlich nur noch vereinzelte Moleküle der Grundsubstanz vorhanden sind.
- Es wird davon ausgegangen, daß je nach Potenz die Wirkung anders ist. Homöopathische Medikamente werden als Tropfen, Granulat oder Kügelchen angeboten. Es wird jeweils der Name der Grundsubstanz und der Potenzierungsgrad angegeben.
- Da immer der einzelne Mensch und nicht eine bestimmte Krankheit behandelt wird, kann es sein, daß verschiedene Patienten mit den gleichen Symptomen unterschiedliche Medikamente bekommen.

Behandlung

Am Anfang jeder homöopathischen Behandlung steht immer ein langes, ausführliches Gespräch mit dem Arzt. Er interessiert sich nicht nur für die Krankheitssymptome seines Patienten, sondern vor allem für seine Entwicklung, seinen Charakter, seine Lebensumstände.

Der Arzt muß herausfinden, welcher Typ sein Patient ist, worauf er wie reagiert – körperlich und seelisch –, wie er mit seinem Leben zurechtkommt.

Aufgrund dieser Informationen findet er dann die passenden Medikamente, die passende Zusammenstellung verschiedener Medikamente für diesen einen Menschen, für dessen spezielle Probleme.

Man muß sich in Geduld üben

- Daß homöopathische Mittel den Krankheitszustand häufig erst einmal verschlimmern, gehört zur Therapie. Homöopathie fordert viel Geduld vom Patienten. Denn der Zeitfaktor spielt eine wichtige Rolle. Dem Körper muß immer ausreichend Zeit gelassen werden, sein Gleichgewicht wieder zu finden, seine Kräfte zu mobilisieren und sich letztlich mit Unterstützung selbst zu heilen.
- Gerade bei chronischen Leiden hat die Homöopathie oft große Erfolge, wenngleich die Methode und ihre Wirkungsweisen wenig erforscht und mit modernen wissenschaftlichen Methoden kaum erfaßbar sind.

Da für eine wirkungsvolle homöopathische Behandlung sehr viel Erfahrung und Wissen nötig sind, müßte die Ausbildung eigentlich besonders gründlich sein. Leider ist dem aber bei uns nicht so. Ärzte können in wenigen kurzen Kursen eine Zusatzausbildung für die Bezeichnung »Homöopathie« absolvieren. Patienten wissen somit nicht, wie gut ausgebildet ihr Homöopath ist. Um sicher zu gehen, sollte man auf jeden Fall nachfragen oder sich von einer der homöopathischen Gesellschaften (siehe Seite 94) jemanden nennen lassen.

Ehe ein weiterer Behandlungsschritt eingeleitet wird, muß der Körper Zeit haben, sich wieder zu stabilisieren. Sonst überlagern sich die Effekte der Behandlung. Ihre Wirksamkeit kann dann nicht mehr genau beurteilt werden.

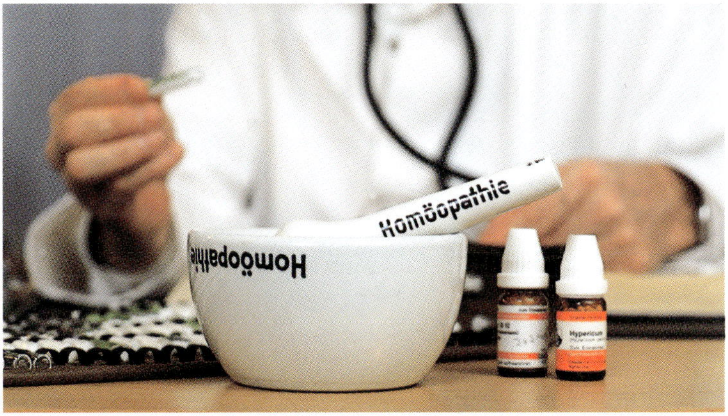

Homöopathische Präparate werden als Kügelchen, die sogenannten Globuli, Tropfen, Salben oder auch in Spritzenform verabreicht.
Die einzelnen Medikamente werden speziell für jeden Patienten zusammengestellt.

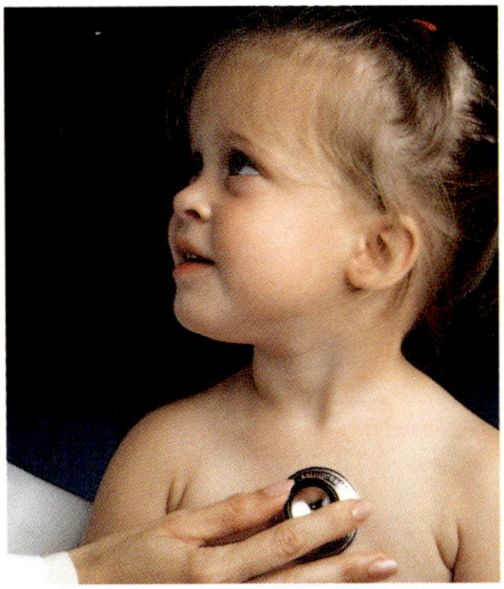

Für kleine Kinder ist die langwierige Prozedur beim Arzt oft sehr belastend.

Allergische Kinder

Experten gehen davon aus, daß ungefähr bei jedem dritten Kind bis zum Beginn der Pubertät mit einer Allergie gerechnet werden muß. Besonders gefährdet sind die Kinder, deren Eltern (oder ein Elternteil) bereits an einer Allergie leiden. Denn die Anlage dafür wird vererbt.
Obwohl diese Störung des Immunsystems so weit verbreitet ist, haben es Eltern mit allergiekranken Kindern heute immer noch schwer, frühzeitig für ihren Nachwuchs eine angemessene Diagnostik und Therapie zu finden.

Etwa 20 Prozent aller Kinder in Deutschland leiden an irgendeiner Form einer allergischen Erkrankung. Für Eltern ist das eine beunruhigende Entwicklung.

Diagnose schwerer als bei Erwachsenen

Allergien sind bei Kindern meist noch schwieriger festzustellen als bei Erwachsenen. Weil sich das Immunsystem im Kindesalter erst entwickelt, gehören häufige Infekte mit Husten, Schnupfen, Fieber einfach zum Alltag. Erst durch die Auseinandersetzung mit den unterschiedlichsten Erregern, werden Abwehrkräfte produziert und so wird allmählich das Abwehrsystem aufgebaut.
Ebenso verhält es sich mit Verdauungsproblemen wie z.B. Durchfall, Bauchschmerzen oder Verstopfung. Das Verdauungssystem ist beim Säugling noch sehr unreif, beim Kleinkind äußerst störanfällig. Bis zu zwölf (bei Kindern in Krippen oder Kindergärten sogar noch mehr) Infektionskrankheiten im Jahr gelten bei Kleinkindern als normal. Da die Symptome praktisch die gleichen sind, wie bei vielen Allergien, dauert es meist sehr lange, bis irgendjemand (Eltern oder Arzt) überhaupt auf die Idee kommt, das Kind könnte allergisch sein. Erst dann kann man sich auf die langwierige Suche nach Auslösern und Allergenen machen, um eine wirkungsvolle Hilfe für das Kind zu finden.

Haben Eltern endlich – oft nach monatelanger Odyssee durch Arztpraxen oder den Kampf durch einen (alternativen) Beratungsdschungel – einen auf Allergien spezialisierten Kinderarzt oder Allergologen gefunden, wird das Leben für sie und das Kind noch nicht leichter.
Wie bei Erwachsenen sind häufig viele Tests notwendig, um herauszufinden, an welcher Allergie das Kind leidet. Im großen und ganzen geht es dabei um dieselben Verfahren, wie bei Erwachsenen – also belastende, langwierige, teils etwas schmerzhafte Untersuchungen, die häufig auch noch unangenehme Folgen haben, wie allergische Reaktionen.

Trotz Allergie möglichst normal leben

Eltern sind da in vielerlei Hinsicht stark gefordert. Zum einen müssen sie ihrem Kind beibringen, was es alles über sich ergehen zu lassen hat. Dann müssen sie streng darauf achten, daß das Allergen/die Allergene vom Kind gemieden werden. Eine schwierige Aufgabe. So lange das Kind klein ist und den Zusammenhang zwischen seiner Krankheit und den vielen Ge- und Verboten noch nicht begreifen kann, ist ihm dies kaum zu erklären. Später hat es zwar die Einsicht, mag aber oft die Einschränkungen nicht akzeptieren. Zusätzlich müssen Eltern dafür sorgen, daß sich ihr Kind trotz der Allergie gesund entwickeln kann, daß es ausreichend spielen kann, in Kindergarten und Schule nicht ausgegrenzt wird.

Da sich Säuglinge noch nicht äußern können und die verschiedenen Körpersysteme wie Atmung und Verdauung noch nicht ganz stabil arbeiten, ist hier die Allergiediagnostik besonders schwierig.

Die Angst vor dem Arzt nehmen

Die meisten Kinder sind generell nicht sehr begeistert, wenn sie zum Arzt müssen. Stehen ihnen aber noch umfangreiche Allergietests bevor, kann sich die Angst zur Panik steigern. Doch dem können Eltern vorbeugen, indem sie ihr Kind gut vorbereiten.

Kinder sind empfindsam

Wichtig ist dabei, daß sie selbst eine positive Einstellung zu den Untersuchungen und Behandlungen haben (oder sich aneignen). Denn Kinder haben sehr feine Antennen und spüren die Stimmung von Mutter oder Vater, ohne daß diese groß darüber reden. Die Stimmungen übertragen sich aber fast immer auf das Kind.

In Rollenspielen kann das Kind den Umgang mit seiner Krankheit erlernen und schwierige Situationen verarbeiten.

Offen mit dem Kind reden

Übergroßes Mitleid oder eigene Ängste verschlimmern die Situation fürs Kind, ebenso Unehrlichkeit. Oberstes Gebot sollte demnach sein, daß sowohl Eltern wie auch Arzt offen mit dem Kind darüber reden, was mit ihm gemacht wird, daß es auch mal weh tun kann, daß es womöglich (etwa bei einem Hauttest) anschließend juckt oder brennt, Pickel entstehen. Oder (bei Nahrungsmitteltests) zu Bauchschmerzen kommen kann. Das ist gar nicht so einfach.
Denn trotz aller Ehrlichkeit darf man dem Kind natürlich keine Angst einjagen.

Spielerisch vorbereiten

- **Um das Kind in Ruhe vorzubereiten, ist es – je nach Alter – sinnvoll, mit ihm den Arztbesuch zu Hause durchzuspielen.**
- **Lassen Sie es an Lieblingsteddy oder Puppe die Untersuchung durchführen.**
- **Ein Arztkoffer zum Spielen macht ebenfalls vielen Kindern Spaß.**
- **Es gibt inzwischen eine Reihe von guten Bilderbüchern, in denen es um Krankheiten oder Krankenhausaufenthalte geht.**
- **Kindgerechte Videos zu diesem Thema, erleichtern den Kleinen ebenfalls den Umgang mit Arztbesuch und Krankheit.**
- **Nehmen Sie sich viel Zeit!**

Ein Schmusetier tröstet

Hilfreich ist oft, wenn das Kind zum Arztbesuch ein Lieblingsschmusetier oder -spielzeug mitnehmen darf. Wenn es außerdem in der Praxis Geräte etc. erklärt bekommt, sich der Arzt Zeit nimmt, alles genau vorzuführen, ist schon viel gewonnen. Klar, daß der Arzt, ebenso wie Eltern, Verständnis für Ängste und Abwehrreaktion des Kindes aufbringen muß. Dazu gehört zu akzeptieren, wenn das Kind weint oder sich wehrt. Hier ist viel Geduld gefragt.

Da Allergien immer langwierige Erkrankungen sind, die meist sehr viele Arztbesuche erfordern, sollten Eltern sich einen Wechsel überlegen, falls der Behandler nicht sensibel genug auf das Kind eingeht.

Bereits kurz nach der Geburt kann es zu allergischen Reaktionen kommen. Das gilt besonders für Kinder mit allergischer Vorbelastung.

Trotz Allergie impfen?

Impfungen sind in den letzten Jahren immer mal wieder ins Gerede gekommen. Es gibt sogar Kinderärzte, die sie nicht mehr sehr ernst nehmen oder sogar davon abraten. Das liegt einmal daran, daß gelegentlich über Impfschäden berichtet wurde. Zum anderen – und das dürfte der Hauptgrund sein – sind die schweren Krankheiten, vor denen Kinder durch eine Impfung geschützt werden, bei uns sehr selten geworden. Nicht zuletzt haben jedoch die Impfungen dazu beigetragen.

Impfungen sind sinnvoll

Diese ablehnende Haltung ist allerdings ziemlich leichtfertig. Denn nach wie vor können diverse Erkrankungen katastrophale Folgen haben.

- So ist z.B. der Keuchhusten im ersten Lebensjahr absolut lebensgefährlich, später kann er Schäden am Lungengewebe hinterlassen.

Wenn Sie unsicher sind, ob und gegen was Sie Ihr Kind impfen lassen sollen, besprechen Sie sich am besten mit einem oder auch mehreren erfahrenen Kinderärzten.

- Masern können zu einer schweren Gehirnhautentzündung führen, mit spastischen Lähmungen als Folge. Zudem kann die Maserninfektion die Augen schädigen – bis zur Blindheit.
- Wundstarrkrampf (Tetanus) verläuft fast immer tödlich.
- Kinderlähmung und Diphtherie kommen wieder öfter vor, und es sind schwere, lebenslange Spätschäden zu befürchten.
- Mumps hat als Komplikation häufig ebenfalls eine Gehirnhautentzündung (meist schwächer als bei Masern) und bei Jungen eine Hodenentzündung zur Folge, die zu Sterilität führen kann.

Impfkomplikationen hingegen sind ausgesprochen selten, bei manchen Impfungen überhaupt nicht gegeben. Statistisch gesehen kommt auf rund zweieinhalb Millionen Impfungen eine Komplikation. Eine dauerhafte Schädigung nach einer Masernenzephalitis (Entzündung des Gehirns durch das Masernvirus) kommt nur in rund fünf von Hundert Fällen vor.

Impfungen auch für allergische Kinder

Gerade allergiekranke Kinder haben Probleme mit ihrer Immunabwehr. Sie können sich schlechter mit Krankheitserregern auseinandersetzen als gesunde Kinder, sind also für eine Ansteckung geradezu prädestiniert. Deshalb sollten sie auf jeden Fall geimpft werden. In aller Regel vertragen allergische Kinder Impfungen sehr gut. Selbstverständlich muß das Vorgehen gründlich mit dem Arzt abgesprochen werden, und das Kind sollte bei der Impfung gesund sein.

Empfohlene Impfungen

- **Diphtherie**
- **Tetanus**
- **Kinderlähmung (Polio)**
- **Masern und Mumps**
- **Röteln**
- **Keuchhusten (Pertussis); für ansteckungsgefährdete Kinder**

Achtung bei Allergie auf Hühnereiweiß

Eine einzige Allergie kann manche Impfungen schwierig machen: eine hochgradige Hühnereiweißallergie. Denn manche Impfstoffe – z.B. gegen Masern-Mumps-Röteln, Grippe (Influenza) oder FSME (Frühsommermeningoenzephalitis, die von Zecken übetragen wird) – sind auf Hühnereiweißbasis aufgebaut. In diesem Fall müßte sich der Arzt mit Herstellern von Impfstoffen kurzschließen, um eine Alternative zu den handelsüblichen Seren herauszufinden.

Nahrungsmittelallergie – wie ernährt man sein Kind richtig?

Eine Allergie gegen Kuhmilch verschwindet häufig bereits wieder im fünften Lebensjahr.

Kinder haben einen anderen, meist höheren Bedarf als Erwachsene an Vitaminen, Mineralstoffen, Energie (Kohlenhydraten) und Eiweiß. Das ist das eine. Das andere ist, daß ein Mangel bei Kindern raschere und erheblich gravierendere Folgen haben kann als bei Erwachsenen. Deshalb darf man bei Kindern niemals einfach bestimmte Lebensmittel aus dem Speiseplan streichen, weil sie dagegen allergisch sind oder darauf überempfindlich reagieren (was meist ähnliche Auswirkungen hat). Es ist immer erforderlich, einen Ernährungsplan zu erstellen, der alle notwendigen Nährstoffe enthält. Es muß also immer Ersatz gefunden werden, falls ein Kind etwas nicht verträgt. Bei solchen Ernährungsplänen sollten sich die Eltern unbedingt von geschultem Personal, z.B. Arzt oder Diätassistentin unterstützen lassen.

Allergisch gegen tierisches Eiweiß

Die häufigste Nahrungsmittelallergie bei Säuglingen und Kleinkindern ist die gegen tierisches Eiweiß – in Fleisch, Milch, Hühnereiern, Fisch. Später treten mehr Allergien ge-

gen Pflanzenprodukte, etwa Nüsse, Getreide, Gemüse, Gewürze oder Kräuter auf.
Das zeigt schon, wie schwierig eine gesunde Ernährung beim allergiekranken Kind werden kann. Denn es handelt sich bei den Allergenen häufig um Grundnahrungsmittel. Und: In fast allen Fertigprodukten – vom Gummibärchen über Ketchup, Brot und Wurst, bis zu Eiscreme oder Schokoriegeln – sind tierische Eiweiße enthalten.

Stillen hilft allergiegefährdeten Kindern

Muttermilch stabilisiert das Immunsystem eines Neugeborenen ebenfalls. Ihre Zusammensetzung ist auf den Säugling abgestimmt. Das verringert die Gefahr einer frühen Allergisierung.

Der beste Schutz gegen allergische Reaktionen in den ersten Lebensmonaten ist Stillen. Muttermilch enthält normalerweise keine Allergene. Sie ist optimal zusammengesetzt, immer richtig temperiert und den Bedürfnissen des jeweiligen Alters angepaßt. Allergiegefährdete Kinder sollten von Geburt an für etwa sechs Monate ausschließlich mit Muttermilch ernährt werden. Das kann Allergien sogar hinauszögern, möglicherweise vollständig verhindern.
Eine finnische Studie, in der 150 Kinder von der zweiten Lebenswoche bis zum 17. Lebensjahr beobachtet wurden, hat folgendes gezeigt: Kinder, die bis zum sechsten Lebensmonat voll gestillt wurden, haben später signifikant seltener Neurodermitis oder Heuschnupfen entwickelt. Sogar bei nur vier Wochen Stillzeit wurde das Risiko für allergische Erkrankungen, wie Asthma und Heuschnupfen, gesenkt.

Behutsam zufüttern

Im zweiten Lebenshalbjahr müssen Kinder zusätzlich zur (Mutter-)Milch feste Nahrung bekommen. Um sofort auf Unverträglichkeiten aufmerksam zu werden, sollte man neue Nahrungsmittel (Obst, Gemüse, Fleisch) nur einzeln einführen und bei jedem zwei bis drei Tage vergehen lassen, ehe etwas Neues hinzugefüttert wird.

Bei älteren Kindern, falls sie allergisch sind, hilft nur ein ausgeklügelter, von Fachleuten entworfener Speiseplan. Allergenhaltige Nahrungsmittel werden dabei ausgespart und durch gleichwertige ersetzt

In Kindergarten und Schule

Die Frage, ob man Erzieher und Lehrer über die Erkrankung des Kindes informieren soll, ob andere Kinder darüber Bescheid wissen sollen, ist nicht leicht zu beantworten. Auf der einen Seite wollen Eltern natürlich nicht, daß ihr Kind wegen seiner Krankheit in Kindergarten oder Schule zum Außenseiter wird oder daß es von anderen Kindern gehänselt wird. Auf der anderen Seite können in diesen Einrichtungen jede Menge Allergene lauern und akute Reaktionen auslösen, die sofortige Maßnahmen erfordern.

Der Alltag des Kindes sollte trotz Allergie so normal wie möglich verlaufen. Übervorsichtige Eltern beeinträchtigen das Leben des Kindes erheblich.

Wichtige Information für den Notfall hinterlassen

Deshalb ist es sinnvoll, zumindest Erzieher und Lehrer, die mit dem Kind zu tun haben (eventuell auch nur Kindergarten- oder Schulleitung) über die Allergie des Kindes aufzuklären. Wichtig ist dabei auch, Telefonnummern von Eltern, Arzt, Notarzt zu hinterlegen und dem Erziehungspersonal zu sagen, was etwa bei einem akuten Asthmaanfall als Soforthilfe zu leisten ist.

Möglicherweise kann die Pädagogin oder der Pädagoge in der Gruppe oder Klasse das Thema »allergische Krankheit« einmal ansprechen und den Kindern erklären, was es damit auf sich hat – natürlich ohne das betroffene Kind zu nennen. Eltern sollten die Betreuer ihrer Kinder auf jeden Fall darauf ansprechen und sie darum bitten. Bei einem vertrauensvollen Verhältnis zwischen Erziehern und Eltern läßt sich mit Sicherheit darüber reden.

Regelmäßige Bewegung an der frischen Luft kräftigt das kindliche Immunsystem und trägt dazu bei, daß sich zu den allergischen Symptomen nicht auch ständig noch andere Erkrankungen gesellen.

Nach den Ursachen für eine Allergie fahnden

Unabdingbar ist ein Informationsgespräch, falls das Kind mit einer allergischen Reaktion (Ausschlag, Husten, Schnupfen etc.) aus Kindergarten oder Schule nach Hause gekommen ist. Dann muß nach der Ursache gefahndet werden, es müssen Möglichkeiten gesucht werden, sie zu beseitigen.
Infrage kommen Bücher (Hausstaub), Kugelschreiber, Filzstifte (Farbstoffe), Papier, Klebemittel, Holzstaub, Mehl (etwa beim Backen im Kindergarten), Chemikalien (beim entsprechenden Unterricht), Pflanzenteile, Tierhaare (auch wenn sie an der Kleidung anderer Kinder haften) und natürlich Materialien aus dem Gebäude wie Asbest, Desinfektionsmittel, Fußbodenbeläge oder -kleber, Wandfarben.

Sport fördert das Wohlbefinden

Was den Sportunterricht anbelangt, so sollte man unbedingt – nach Absprache mit Arzt und Lehrer – versuchen, das Kind daran teilnehmen zu lassen. Denn Bewegung und körperlicher Ausgleich machen einem Kind nicht nur Spaß, sondern sind für seine gesamte Entwicklung wichtig. Sie trainieren Muskeln und Gelenke, üben Koordination und Konzentration, Geschicklichkeit und Gleichgewichtssinn. Das wirkt sich auf Wohlbefinden, Selbstbewußtsein und geistige Leistungen aus. Wichtig ist, daß ein allergiekrankes Kind nicht bis an die Grenzen seiner körperlichen Leistungsfähigkeit gefordert wird. Besprechen Sie das mit dem Lehrer!

Soziale Integration ist wichtig

Für Wandertage oder Klassenfahrten gilt ähnliches wie für den Sport: Für ein Kind hat es große Bedeutung, daran teilzunehmen. Allerdings können bei solchen Unternehmen unkalkulierbare Risiken auftreten.

Letztlich muß gemeinsam mit Erzieher und behandelndem Arzt im Einzelfall eine Teilnahme des Kindes ausgehandelt werden. So ist es beispielsweise sicher nicht sinnvoll, ein Kind, das gegen Tierhaare allergisch ist, zu einem Zoobesuch mitzunehmen. Hingegen muß ein Nahrungsmittelallergiker, der seine Verpflegung von zu Hause mitbringt, nicht ausgeschlossen werden. Auf jeden Fall sollte das allergiekranke Kind ein vom Arzt verordnetes Notfallpäckchen bei sich haben, und der Lehrer muß genau Bescheid wissen, was im Ernstfall zu tun ist.

Gelegentlich bieten Kindergärten und Schulen Eltern an, sich an Ausflügen zu beteiligen. Mütter oder Väter von allergiekranken Kindern sollten dieses Angebot annehmen, sofern es ihnen irgendwie möglich ist. Sie können Ihrem Kind – und vermutlich auch sich selbst – damit einen schönen (und sicheren) Tag bescheren.

Familienangehörige, Kindergärtnerin und Lehrer sollten über die Allergie des Kindes aufgeklärt sein und wissen, was in einem Notfall zu tun ist.

Damit Ihr Kind eine unbeschwerte Zeit im Kindergarten verbringen kann, müssen Sie unbedingt die Erzieher über die Erkrankung Ihres Kindes und die möglicherweise auftretenden allergischen Reaktionen aufklären.

Wichtige Adressen

Ärzteverband Deutscher Allergologen e.V.
Uerdinger Straße 3
47441 Moers

Allergie-Dokumentations- und Informationszentrum (ADIZ), Kuranstalten und Forschungsinstitute GmbH
Burgstraße 12
33175 Bad Lippspringe

Allergie-Informationsdienst
Sanitas Alpenklinik
83334 Inzell

Allergiker Selbsthilfe e.V.
Hermann Löns Weg 11A
65779 Kelkheim

Allergiker- und Asthmatikerbund e.V.
Hindenburgstraße 110
41061 Mönchengladbach

Arbeitsgemeinschaft Allergiekrankes Kind (AAK) e.V.
Hauptstraße 29
35745 Herborn

Bundesarbeitsgemeinschaft Hilfe für Behinderte e.V.
Kirchfeldstraße 149
40215 Düsseldorf

Bundesverband Deutscher Ärzte für Naturheilverfahren e.V.
Bismarckstraße 3
72250 Freudenstadt

Bundesverband Neurodermitiskranker in Deutschland e.V.
Sabelstraße 39
56135 Boppard

Dt. Gesellschaft für Allergie- und Immunitätsforschung
Aukamm-Allee 33
65191 Wiesbaden

Deutsche Liga zur Bekämpfung der Atemwegserkrankungen
Burgstraße 12
33175 Bad Lippspringe

Deutscher Neurodermitiker Bund e.V.
Mozartstraße 11
22083 Hamburg

Deutscher Zentralverein Homöopathischer Ärzte e.V.
Linkenheimer Landstraße 113
76149 Karlsruhe

Kneippärztebund e.V.
Adolf Baumgartner Straße 4
86825 Bad Wörishofen

Kneipp-Bund e.V.
Adolf Scholz Allee 6-8
86825 Bad Wörishofen

Stiftung Deutscher Pollen-Informationsdienst
Burgstraße 12
33175 Bad Lippspringe

UCB Allergie-Institut
Postfach 1340
50142 Kerpen

Über die Autoren

Gerda Pighin arbeitet seit mehreren Jahren als freischaffende Journalistin und Autorin. In zahlreichen Publikationen und Beiträgen hat sie sich auf schulmedizinische und naturheilkundliche Behandlungsmethoden sowie auf Familie und Erziehung spezialisiert.
Dr. Eberhard Wormer ist Arzt für Allgemeinmedizin. Seine Spezialgebiete sind aktuelle Themen der Gesundheitsvorsorge.

Literatur

Bergen, Nora: Allergie bei Kindern. dtv. München 1995
Cernaj, Dr. Ingeborg: Fit und gesund durch ein starkes Immunsystem. Südwest Verlag. 2. Auflage, München 1996
Fuchs, Erich: Allergie – was tun? Piper Verlag. München 1992
Köster-Lösche, Dr. Kari: Das Immunssystem natürlich stärken. Südwest Verlag. 3. Auflage, München 1996
Leibold, Gerhard: Allergien. Falken Verlag. Niedernhausen 1996
Nolte, H. (Hrsg.): Allergie. Dustri Verlag. Deisenhofen 1991
Reimann, Hans-Jürgen: So hilft Kneipp bei Immunschwäche. Orac Verlag. Wien 1991

Hinweis

Das vorliegende Buch ist sorgfältig erarbeitet worden. Dennoch erfolgen alle Angaben ohne Gewähr. Weder Autor noch Verlag können für eventuelle Nachteile oder Schäden, die aus den im Buch gemachten praktischen Hinweisen resultieren, eine Haftung übernehmen.

Bildnachweis

Alfred Pasieka, Hilden: 5, 6; Bilderberg, Hamburg: 50 (Frieder Blickle); Das Fotoarchiv, Essen: 15 (Jochen Tack), 22, 79 (Jörg Meyer); IFA, Taufkirchen: 1, U4 (Diaf), 9 (TPC), 38 (P. Sinclair), 47 (LDW), 93 (Hasenkopf); Mainbild, Frankfurt: 59 (Ague), 70, 72 (Maximilian Weinzierl), 76 (Schindler); Mauritius, Mittenwald: Titelbild (Kerscher); Transglobe, Hamburg: 16 (Philippe Gontier), 29 (TWS/Ken Browar), 30 (P. Kanicki), 36 (TWFS), 43, 49, 54 (Jerrican), 83 (Matthias Stolt), 84 (Index Stock)

Impressum

2. Auflage 1997

Lektorat:
Heike Papenfuß,
Dr. Judith Schuler
Redaktionsleitung und
Medizinische Fachberatung:
Dr. med. Christiane Lentz
Bildredaktion:
Bettina Huber
Produktion:
Manfred Metzger
Umschlag:
Till Eiden
DTP/Satz:
Reiner Löb
Grafisches Konzept:
Christine Paxmann, München
Druck:
Color-Offset, München
Bindung:
R. Oldenburg, München
Printed in Germany

Gedruckt auf chlor- und säurearmem Papier

ISBN 3-517-01704-3

Register